SHUIRU DADI

水乳大地

——2009黄河防汛抗旱总指挥部抗旱纪实

黄河水利委员会　编著

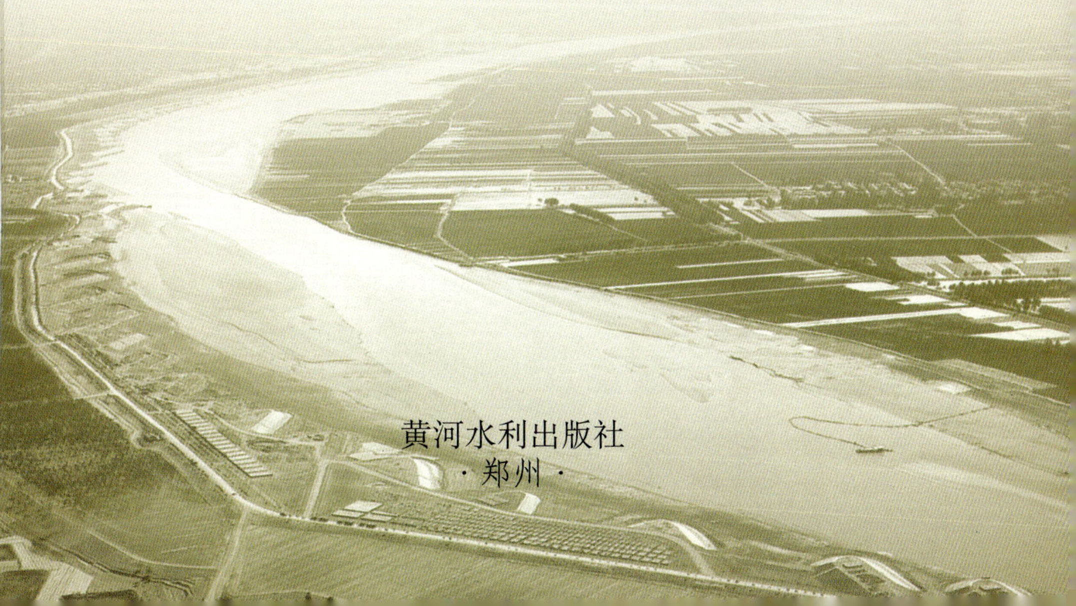

黄河水利出版社
· 郑州 ·

国家防汛抗旱总指挥部抗旱异地会商会议黄委分会场　　郭琦　摄

郑州西郊的西流湖已经完全干涸，湖底裂出一道道裂纹

新华社

大面积的麦苗出现枯黄

张再厚　摄

黄河流域干旱红色预警，启动一级响应发布后，小浪底水库下泄流量由600立方米每秒加大到900立方米每秒

王寅声　摄

柳园引黄闸将黄河水送往麦区　　张再厚　摄

干旱的麦田浇上了黄河水

浇过的麦苗返青明显　　张再厚　摄

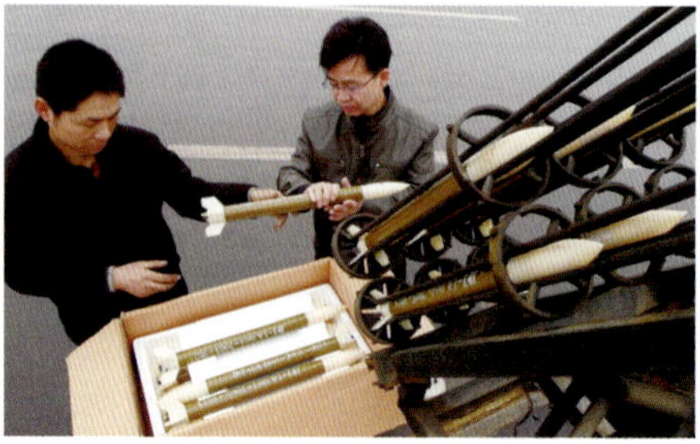

2月2日，临汾市气象局工作人员在安装人工增雨火箭炮。右图是山西临汾人工增雨火箭炮发射现场　　新华社

山西省运城市临猗县扬水工程管理处，坚持24小时值班制度，开足马力，昼夜不停地从黄河抽水，确保农民抗旱用水　　新华社

万家寨水利枢纽中央控制室

王寅声 摄

引黄渠两岸浇地忙　　郭琦　摄

东平湖水通过庞口闸注入黄河　　郭琦　摄

在山东省临沂市兰山区朱保镇西庄村，两名村民用远处运来的水浇灌麦田　新华社

封丘红旗闸引渠开通　张再厚　摄

开挖引黄渠支援抗旱

王大勇　摄

引水浇麦　　张再厚　摄

麦田管理　　张再厚　摄

边浇麦边施肥

郭琦　张再厚　摄

河南濮阳渠村引黄闸　　张再厚　摄

山西吴王泵站　　王寅声　摄

陕西东雷一级泵站　　王寅声　摄

主　　编　姚自京　安新代　王震宇

执行主编　郑胜利　李肖强

副 主 编　刘新建　王红育

项晓光　胡述范

编写人员

第一章　胡少华　黄　峰　张　帆

第二章　胡述范　项晓光　张焯文

第三章　徐清华　杨晋芳

第四章　王红育　于迎涛

第五章　吴　强

摄　　影　随图片署名

序

2009年冬春之交，我国北方大部分地区遭受多年未遇大旱，其中黄河沿岸的甘肃、陕西、山西、河南、山东五省，旱情最严重时农作物受旱面积达1.06亿亩，占全国同期农作物受旱面积的69%。党中央、国务院对此极为关注，胡锦涛总书记、温家宝总理分别作出重要批示，水利部及时召开专题会议研究部署抗旱保苗工作。在国家防汛抗旱总指挥部的统一部署下，黄河防汛抗旱总指挥部和黄河水利委员会迅即反应，积极应对，从支持河南省抗旱到举全河之力支持全流域抗旱；从调度小浪底一库水源到联合调度万家寨、小浪底、东平湖三座水库；从部门会商到黄河水利委员会会商、再到黄河防汛抗旱总指挥部高频度会商；从抗旱主要职能部门响应到防办、水调、水文、河务等多部门联动；从应急加班到24小时固定值班……黄河防汛抗旱总指挥部举全河水资源之力，采取一切必要措施，统筹兼顾，科学抗旱，举全河水资源之力，有力地缓解了沿黄省区的旱情，支援了当地的灌溉保苗工作，为当地经济社会发展以及国家粮食安全作出了突出贡献，展现了良好的形象，赢得了广泛赞誉。

经过流域各有关方面的共同努力，这场轰轰烈烈的抗旱保苗攻坚战已归于平静，广袤的田野恢复了勃勃生机。在流域特大旱灾考验面前，黄河人再次用顽强拼搏、聪明睿智和果敢担当交出一份合格的答卷。那些与旱魃较量的日日夜夜已定格在历史的记忆中，留给我们的是许多值得回味和思索的空间。黄河水利委员会办公室和宣传出版中心的同志们不辞辛苦组织编著了《水乳大地——2009黄河防汛抗旱总指挥部抗旱纪实》一书，真实完整地记录了这次黄河流域抗旱保苗的全过程，全方位多角度地展示了黄河防总卓有成效的工作，弘扬了“团结、务实、拼搏、奉献”的黄河精神。

是为序。

2009年5月26日

目 录

第二章　责任如山

新闻链接：

附　录

第一章 大旱袭来

引子：

干旱在世界上被列为第三大自然灾害，与其他自然灾害相比，干旱出现的次数多、持续时间长、影响范围大、导致农业损失重，再加上对水资源、土地资源、森林、植被等的潜在影响，是世界尤其是我国最大的自然灾害之一。

据统计分析，我国受旱面积20世纪50年代为1.7亿多亩，90年代年均为3.64亿亩，因旱损失粮食50年代年均为43.5亿公斤，90年代为 195.7亿公斤。统计表明，1950~2006年累计因旱灾损失粮食8780.9亿公斤，占我国各种自然灾害累积损失粮食的68.4%。

但是，我们应该记忆的，绝不仅仅是这些触目惊心的数据。

2008年10月份以来，一场新中国成立以来罕见的大旱再次袭击黄河流域。

水库干涸、河水锐减、大地龟裂、庄稼焦黄……在旱情最为严重的山丘区，地里的裂缝，足以放得下一只成人的脚掌。多年以后， 刻骨铭心的2008年冬和2009年春将以它50年一遇的干旱进入历史档案。

“活了59年，从来没有见过这么旱的天！”

2月10日，《黄河报》记者在新乡市封丘县荆宫乡后桑园村，年近花甲的温绍葵，拄着铁锹，无奈地对记者说。放眼望去，原本返青的麦田里一地枯黄，一缕缕潜伏的灰绿色迎着持续的干旱，伶仃而无助。“如果再灌不上水，麦就收不上了。” 温绍葵焦急地说。

干旱为魑魅，高温成魍魉。河南只是此次中国北方大旱的缩影。黄河水利委员会(以下简称黄委)水文局气象监测表明，2008年冬2009年春，黄河流域大部分地区遭受了自1951年以来的特大干旱，降水量总计不足10毫米，局部地区连续100多天无有效降雨。

黄委水资源管理与调度局2月8日提供的《黄河流域抗旱动态》显示，在受灾的7个小麦主产省份中，河南的小麦种植面积最大，

在汝阳县城关镇张河村村头的供水点，摆满了准备接水的水桶　　新华社

产量占到全国的四分之一。然而，它的灾情也最为严重。全省小麦受旱面积4150多万亩，严重受旱700万亩，山丘区已有13万余人出现临时性饮水困难。最近110多天以来，河南全省有效降水不超过15毫米，有50万亩出现麦苗枯死现象。在山东，2009年以来全省降水仅1毫米，较历年同期偏少近九成，全省六成麦田受旱，面积达3328万亩。在甘肃，重旱面积达到4.6万平方公里。除此之外，黄河流域的陕西、山西、青海等都不同程度地遭遇大规模干旱。

坑塘干涸、农田叫渴、麦苗告急…… 长时间的极度干渴，给群众生产生活带来严重影响。

2月6日，黄河防汛抗旱总指挥部(以下简称黄河防总)发布黄河流域干旱红色预警，启动Ⅰ级响应。这是2007年新的黄河防汛抗旱总指挥部成立以来的第一次，也是黄河流域抗旱史上前所未有的。

黄河流域旱情公告指出，2008年11月以来，黄河流域大部分地区降水量不足10毫米，其中上游地区降水量较常年偏少四至七成，中游的陕西、山西省偏少七成左右，陕西省局部地区偏少九成，黄河下游地区偏少五至八成。黄河流域165个雨量站点中有18个站降水量偏枯程度超过50年一遇，占雨量站总数的11%；有30个站降水量偏枯程度超过30年一遇，占雨量站总数的18%。黄河中下游大部分地区连续无降雨日数达60天以上，局部地区达100天以上。

在降水量偏少同时，黄河流域2008年冬季气温普遍偏高，内蒙古河段和下游地区2008年12月至2009年1月平均气温较常年偏高1摄氏度以上。

截至2月9日，龙羊峡、刘家峡、万家寨、三门峡、小浪底

小浪底水库　　张再厚　摄

五大水库合计可调节水量为145.4亿立方米，较2008年同期少36.0亿立方米；小浪底水库可调节水量仅有17.8亿立方米，较2008年同期少17.8亿立方米，为2004年以来同期最小。

“总体上看，冬麦区降水量之少为30年一遇，特旱区达50年一遇。依照《旱情等级标准》综合分析，黄河流域普遍达到中到重度干旱，部分地区达到特重程度。”长期从事水情预报的黄委水文局副局长张红月忧心忡忡地告诉记者。

张红月还给记者提供了由黄委水文局情报预报中心完成的《当前水库、河道水情及预估》报告。报告表明：2008年7月以来，黄河流域来水比多年来水偏枯三成左右，其中上游偏枯一成，中游偏枯六成，下游偏枯八成。2008年11月以来，黄河兰州以上径流量接近多年均值，中下游干流河段来水偏枯三成左右，中游地区的主要支流来水严重偏枯，渭河来水偏枯三成，北洛河、汾河来水偏枯近七成，伊洛河、沁河来水偏枯七至八成。

2月10日，在黄委召开的流域旱情及抗旱工作新闻发布会上，黄河防汛办公室主任王震宇、黄委水资源管理与调度局局长安新代介绍了黄河流域干旱呈现出的几个特点：

1. 受旱面积大。截至2月10日，黄河流域5省累计受旱面积达1.43亿亩，其中甘肃省2153万亩，陕西省1253万亩，山西省3274万亩，河南省4510万亩，山东省3062万亩。5省重旱面积2930万亩，部分省份作物受旱面积占播种面积的60%以上，一些地区出现临时性人畜饮水困难。

2. 受旱区域集中，主产区受灾。目前全国一共有15个省、市出现不同程度的旱情，但是河南、山东、陕西、山西、甘肃、

2月10日，黄委举行新闻发布会　　林渊　摄

河北8省冬麦区受旱面积占到全国受旱面积的95%，非常集中。从区位看，受旱区域主要集中在华北、黄淮及西北东部的北方冬麦区，冬小麦受旱面积占在田作物受旱面积的93%。

3. 受旱程度重。据粮食主产省农业部门调查，由于长时间无有效降雨，加之大风天气较多，土壤失墒严重，北方麦区大面积出现3~10厘米干土层，旱情仍在持续发展。

4. 旱冻叠加。在旱情持续发展的同时，2008年12月初以来，冷空气活动频繁，出现多次大范围降温过程，尤其是2009年1月20~25日，我国大部分地区受到寒潮袭击，降温幅度达8~12℃，局部地区达17~20℃，对冬小麦安全越冬产生极为不利的影响，加剧了旱情影响。

据了解，造成这场持续干旱的根本原因是拉尼娜现象和全球大气环流异常的共同作用。

“拉尼娜现象导致今冬副热带高压偏弱，太平洋西侧水汽输送较弱，同时，全球大气环流异常造成青藏高原空气偏暖，南支槽不活跃。”黄委水文局气象预报人员表示，东南、西南的两条路线水汽输送都较弱，直接导致2008年冬我国北方的干旱。

在2008年4~5月份，造成我国南方低温雨雪冰冻灾害的一轮拉尼娜事件已经基本结束，但在9月份，中东太平洋海温又有所降低，拉尼娜状态继续维持。由于拉尼娜现象导致西太平洋副热带高压位置偏东、强度偏弱，使得太平洋西侧水汽输送较弱，同时，全球大气环流异常造成青藏高原空气偏暖，南支槽不活跃，造成印度洋水汽输送也很少，东南、西南的两条路线水汽输送都较弱，直接导致冬季我国北方的干旱。

2008年11月上旬至12月中旬，华北、黄淮以及西北东部部分地区气温比常年同期偏高2~4℃，土壤水分蒸发大，失墒快。

2008年12月份以来，一共出现三次大范围降温过程，特别是春节前。大部分地区降温幅度达8~12℃，局部达到17~20℃。由于春节后气温回升较快，持续少雨，各地冬麦区提前开始春灌，有些还增加了灌溉的次数，用水增加并集中。加上部分地区江河来水和蓄水量偏少，造成抗旱水源短缺。

水资源组合的不平衡，是造成干旱的另一个主要原因。

我国北方土地多，水资源少，以每亩耕地平均摊水资源量计，全国平均1800多立方米每亩，但黄河流域只有300多立方米每亩，不能满足农田用水的需要。

造成目前旱情发展的，还有人为因素的原因。

专家指出，生态环境恶化以及水资源的不合理利用，削弱了水利工程的抗旱能力。由于人口的增加,人均占有耕地面积日益减少,在粮食单产低、农民生活困难的情况下，导致不合理的陡坡开荒活动较为严重，草山草坡不断减少，加上开山筑路、城乡建设、无序堆放废渣废料等因素，加速了水土流失，流走表层肥土，土层减薄，降低了土壤潜在的抗旱能力。同时，流失的泥沙不断淤积水库、堰塘、渠道，减少了水库池塘的蓄水量，降低了水利工程的供水能力。

同时，随着生产的发展，人类生活需求的增加，耕地复种指数的提高，农作物品种的调整和产量的提高，使农业用水量大幅度增加，水资源供需矛盾更趋紧张，干旱问题更趋严重。例如以往种一季作物的不少地方，改为一年种两季。尤其是农作物产量大幅度提高，需水量相应增加。1949年全国平均每亩耕地粮食产量只有86公斤，2008年亩产已达330公斤，若按每生产1公斤粮食所需水量核算，现每亩耕地作物所需水量比新中国成立初期增加好几倍。这也是新中国成立后大力发展水利灌溉事业几十年、平均每年受旱面积还是有增无减的原因之一。

此外，资金投入不足，农田水利设施建设滞后。干旱需要增加农田水利设施来解决，资金上的投入不足，导致很多地方的农田水利等基础设施建设都不尽完备。或是没渠，或是渠道废弃；或是没井，或是机井坍塌；要不就是有井没电,抗旱救灾只能靠肩挑手提。

2008年4月，财政部农业司曾披露，我国现有灌溉面积9.28亿亩，其中有效灌溉面积为8.68亿亩，仅占全国耕地面积的46%。近年来，国家水利投资往往更偏重于投向大江大河治理等大型水利工程建设，而对农民真正影响最大也最起作用的最后一公里问题一直没有得到有效解决。加之农村税费改革后，用于小型农田水利建设的工日每年大约减少45亿个，相当于每年减少900亿元的投入。原本主要依靠农民筹资投劳开展的农田水利建设活动受到较大影响。还有不少地方一直靠20世纪六七十年代修建的农田水利设施吃老本。农田水利设施建设滞后，严重影响了我国北方地区的抗旱效果。

关键词：河南
旱象：“天下粮仓” 108天无降水

镜头一：巴掌宽的裂缝、满地死去的螺蛳，曾经作为郑州人“大水缸”的西流湖北湖的水，已干涸见底。 在郑州市民的记忆里，这样的干涸几乎是数十年不见。

镜头二：坐落在伊河上的河南境内第二大水库——洛阳陆浑水库，更是遭遇前所未有的缺水危机。受旱情持续影响，水库存水量仅有2亿立方米，“这个数只有去年同期的一半。”水

郑州西流湖北湖干涸见底，两名孩童正在捡拾螺蛳，一艘锈迹斑斑的游船无奈地诉说着这里也曾波光粼粼的往昔 新华社

库管理处负责人介绍，去年此时，存水量达4亿立方米。陆浑水库是一座以防洪为主，结合灌溉、发电、城市供水、养鱼的大型水利枢纽工程。总库容13.2亿立方米，但目前的存水量，不到总库容的1/6。

2008年11月1日以来，河南冬小麦区降水量较常年同期偏少五至八成，连续100多天无有效降雨。

《黄河报》记者沿连霍高速前往豫东商丘采访途中，开封、兰考、民权等高速公路两沿小麦大都已处枯黄状态，不少养鱼、养藕坑塘几近干涸。

“兰考焦裕禄，耿耿铁精神，盐碱净，内涝治，风沙驯。弦歌声起，杨柳东风万户春。”以焦裕禄而闻名于世的兰考县，除了作为水利重镇，还身兼着“引黄灌溉”的重要节点和黄河古道的源头。即便如此，兰考县也未能躲过这次罕见大旱的突袭，大片农田里的小麦枯黄焦脆。

2月16日，在兰考县城关镇北街村田地里，记者碰见正在引水浇地的村民周刚蛋。

周刚蛋说，农村有句俗语叫“干冬湿年”，一直想着等等会下场雪，结果就是一直不下。记者在采访中发现，面对不断严重的旱灾，更多的人除了每天到自己家的麦地里去查看以外，没有什么特别的办法。

“已经很多年没有出现这样的情况了，上次架管子浇水已经不记得什么时候了。”当地农民告诉记者，家里的“水泵已经锈得不能用了，橡胶管子也多被老鼠给咬破了”。

大年过后，气温回升，小麦旱情严重，这使农民措手不及。在开封杞县泥沟乡马集村，冯怀忠老汉双手捧着从远处井里牵过来的长塑料管，费力地向麦田喷水。见记者询问，他扔掉沉重的水管，指着井口不远处搭着简易塑料棚的人力车说：“我昨天晚上就在那儿睡着排队，这不，快中午了，终于轮到我浇了。”

根据河南省气象局提供的气象资料分析，2008年11月1日至2009年2月2日，全省平均降水量为11.1毫米(常年平均降水量为51.3毫米)，较常年同期偏少近八成(78.4%)，仅次于1996年(9.8毫米)，为1961年以来同期次少值。

特别是2008年11月下旬以来，全省大部分地区没有出现明显的降水过程，平均降水量仅为2.5毫米(常年平均降水量为30.1毫米)，较常年同期偏少九成多(91.7%)，为1961年以来同期最少值。

不仅如此，2008年11月下旬至2009年2月2日，河南全省平均温度3.0℃（常年平均2.0℃），较常年同期偏高1.0℃，为1961年以来同期第五高值。而正是较长时期内的少雨高温，使得这次旱灾突袭。

来自河南省防汛救灾中心的统计数据显示，截至2月3日，全省小麦受旱面积4150多万亩，其中轻旱面积1950万亩（占总受旱面积的47%），中度干旱面积1500万亩（占总受旱面积的36%），严重受旱面积700万亩（占总受旱面积的17%）。

“受旱范围之广、时间之长、程度之重都是新中国成立以来所少有的。”河南省副省长刘满仓多次表示。

2月4日，汝阳县城关镇张河村的一位村民挑着送水车运来的饮用水回家 新华社

此外，河南省防汛抗旱指挥部提供的数据表明，受持续干旱影响，目前山丘区已有13万多人因旱已出现了临时性饮水困难，“如果长时间不降水，势必会加剧山区群众吃水困难”。河南省水利厅一位负责人说。

据了解，新中国成立以后，河南省曾经发生过几次大的旱情，一次是在1995年，一次是在1998年，2008年底至2009年初的这次旱情是第三次较大的旱情。

在此背景下，河南省气象局1月29日15时发布干旱红色预警，这是最高级别的干旱预警。

2月1日，河南省防汛抗旱指挥部将Ⅲ级抗旱应急响应提升为Ⅱ级。5日下午，将Ⅱ级抗旱应急响应提升至Ⅰ级。这意味着，依照国家防汛抗旱总指挥部办公室制定的干旱评估标准中所确定的农业干旱等级划分指标，河南省已进入特大干旱期，而在这一级别的抗旱应急响应下，河南省将调动全社会的力量参与抗旱浇麦工作。

关键词：陕西
旱象：遭遇20年一遇特大干旱

“这么长时间没有一场透雨，多少年都没见过了，再不下雨，地里的麦子可就干死了啊。”2月5日，渭南市合阳城关镇上村的张合现望着奄奄一息的麦苗，痛心地说。在张合现的田地里，《陕西日报》记者看到，由于缺水，许多麦叶已经枯黄坏死。

素有“关中粮仓”之称的渭南，每年为国家提供优质小麦135万吨。“十五”期间，国家就将其确定为全国五大商品粮基地之一，2008年，全市粮食总产量已突破228多万吨。而目前陕西省已连续百日无有效降雨，严峻的旱情，不仅考验着“关中粮仓”，更考验着全省1700多万亩冬小麦。

陕西素有“十年九旱”之说，但2009年旱情如此严重却很少见。

黄委水文局水文预报显示：自2008年11月以来，陕西省未出现过一次有效的降雨雪天气，比特大干旱的1995年和1997年同期还低3个百分点。大部分地方降水较常年同期偏少四至九成，是1961年以来的第五个少雨年份，主要江河严重偏枯三至八成。

气象专家分析说，今年陕北、关中出现的持续干旱为15到20年一遇，榆林南部、延安北部部分县区为25年一遇。

陕西省此次干旱的一个显著特点是，旱情自北向南、由东向西不断扩展，干旱程度逐渐加重，未灌溉农田土壤墒情不足，特别是农田表层缺墒严重。关中大部分地方和陕南部分旱地10~30厘米土壤相对湿度为50%左右，陕北、关中大部地区有轻到中旱，渭北一带干旱严重，干土层达到10~20厘米，对冬小麦安全越冬造成一定的影响。

陕西省防汛抗旱指挥部上报黄河防总的明传电报说，截至2月10日，全省受旱作物面积达1252.8万亩，其中重旱332.75万亩，干枯6.33万亩，15.97万人、7.55万头大牲畜发生临时性饮水困难。在小麦主产区，关中东部冬小麦长势普遍比西部差，大部分地区土壤墒情欠缺，已经严重影响到小麦和油料作物的发育生长。

旱情似火，刻不容缓。1月15日，陕西省防汛抗旱指挥部紧急启动省级Ⅲ级抗旱应急响应机制。2月3日，陕西省政府紧急启动全省Ⅱ级抗旱应急预案。2月5日把抗旱Ⅱ级应急响应升为

Ⅰ级，百万人紧急投入抗旱。

“小麦要过800斤，冬水少不了；小麦要过1000斤，春水少不了；苗好苗坏看2月。苗情是基础，2月对于小麦来说是关键期，2月份水分充足，麦苗才会健壮，才能为丰收打下一个好的基础。”陕西省农业专家分析，“如果到2月底再没有得到有效灌溉，就意味着旱地至少有50万~60万亩的小麦不得不翻种春玉米。”

因此，在目前旱情严重的情况下，如何抗旱保苗成为陕西当前工作的重心。

关键词：山东
旱象：遭遇30年一遇的大旱

趵突泉是“泉城”济南的眼睛和地下水位的晴雨表。

2月4日，《黄河报》记者奔赴济南采访，发现济南正在紧急采取多项措施，开展“保泉”行动。

该市园林部门公布信息，截至2月4日，趵突泉地下水位为28.44米，同期比丰水年的2004年低15厘米，比2005年低25厘米，比2006年低36厘米，但仍然比2007年同期水位高35厘米，比2008年高36厘米。当前趵突泉地下水位距离停喷水位线27.01米仅有1.43米，目前正处于春季农灌时节，如果不下雨，按每天2厘米的下降速度计算，4月中旬泉水就有可能停喷！

济南当地媒体报道说：2008年10月到2009年1月，济南市平均降水量29.5毫米，较常年偏少53%；2008年11月以后缺少有效降水，全市平均降水量仅3.4毫米。这是自1995年以来，上年11月至次年1月期间济南降水最少的年份，也是1964年以来第三个降水最少的年份。降水更少的两个年份是1973年11月至1974年1月、1995年11月至1996年1月，全市平均降水量分别为1.7毫米和2.7毫米。从降水量上看，2009年济南正在遭遇14年不遇的大旱。

据山东黄河河务局消息，受2008年冬季以来降雨持续偏少的影响，山东省农田受旱面积超过3000万亩，遭遇了30年一遇的大旱，而且旱情仍在发展中。

2008年冬季以来，山东省平均降雨仅14毫米，较历年同期偏少65%，特别是自2009年1月份以来，全省平均降雨量仅1毫米，经频率分析，为30年一遇干旱年份。其中鲁北、鲁西北部分地区几乎无有效降雨，德州、聊城、济南、菏泽等市旱情均超过50年一遇。

山东黄河河务局的统计显示，截至2月5日，山东省农田受

干渴的麦苗已近枯死　　郭琦 摄

旱面积已达3062万亩，重旱1152万亩，其中1/3的市受旱面积在200万亩以上。同时，由于近期山东省降雨仍将持续偏少，气温回升较快，大风天气日益增多，旱情发展仍较迅速。

山东省是我国第二大小麦种植省份，麦田面积仅次于河南省。有关部门近日的监测显示，山东省有100多处小麦出现点片死苗，5万多农村人口、10万头大牲畜出现临时性饮水困难。

《中国青年报》记者采访了山东菏泽东明县东明集镇袁长营村的村民老王，他正在“像秋天长满荒草的操场”一样的10多亩小麦地里忙碌。“大年初二，没等公鸡叫，就起床下地。”老王说。

年前，3亩多花生地活活“渴”死了。老王用手刨出地里的一把把干土，直到刨出最后的根，手一捏，“嘎吱”碎了。

年前气温低，乡亲们怕地里通水后上冻，直到年初二，气温稍稍转暖，村里才通过水渠引入黄河水灌溉。此时，全村600多户的小麦正在返青，他们必须和时间赛跑。

连续十多天，老王凌晨4点起床，直到晚上12点还在打着手电筒浇地。因为5户人家共用一个水龙头，水量又小，更多的时间只能等。最忙时，他家7口人，除了两岁多的小儿子，所有人都上了。

此地的麦田由于缺水，垄间的土壤变成了干燥的散土，大风吹过可起黄尘，部分麦田麦苗枯黄，个别地区甚至出现死苗，给夏粮丰收提出了严峻挑战。

在山东聊城市高唐县城南数千亩的麦田里，枯黄的麦苗随风摇摆。人们用手挖下去半拃深，仍不见湿土，麦根全长在干土里。“目前，聊城市8个县(市)、区全部遭遇了50年一遇的大旱，受旱面积达500多万亩，其中重旱100万亩。”陪同采访的当地水利局负责人说。

来自聊城气象、农业部门的资料显示：从2008年11月至2009年2月2日，该市的平均降水量仅为2毫米，较历年同期少了92.5%，比2008年同期少了82.3%。据水文资料记载，为聊城市“50年一遇”的大旱天气。聊城市作为山东省的粮食主产区，资料显示，全市总体播种面积776.7万亩，其中冬小麦面积达到了610万亩。播种面积一度全部受旱，重旱330万亩，部分区域麦苗开始枯萎。聊城市超八成麦田遭遇旱情。

尤其令人担忧的是，随着旱情的发展，山东农村人畜饮水已呈现出趋于紧张的局面，“村村通自来水”难以覆盖的山丘区、边远高亢区出现临时性用水困难。同时，部分城市供水也趋于紧张，作为济南市主要水源地的卧虎山、锦绣川水库仅能分别维持供水80天和130天。

山东省防汛抗旱指挥部于2月5日启动了防汛抗旱应急预案Ⅱ级响应。该省投入抗旱技术人员6000多人，帮助群众规划建设水源工程1000多处、打井2500多眼，维修抗旱机具7500多台套，出动2300辆车次为群众拉水送水，临时解决10万人、7万头大牲畜的饮水困难。

关键词：甘肃
旱象：唯一旱情持续发展的省份

连日来，《兰州晨报》记者奔赴甘肃省干旱灾区,所到之处无不麦苗枯死、土地龟裂、河溪断流、人畜喊渴。

“准备好，龙拉展些，开始了。”2月4日，农历正月初十，榆中县贡井乡大坪村大坪社的社火队伍行走在弯弯曲曲的山道上，苍黄的黄土地在白晃晃的阳光下，裸露出让人嗓子眼儿发干的白。“隆隆”太平鼓声中，70余人的社火队如一条绚丽的彩带飘飞在山梁。队伍的前面，两名男子拉着一条长长的横幅，金灿灿的“风调雨顺”四个大字格外耀眼。

腾起的尘土模糊了社火队队长张祖云的脸，从山梁举目四望，光秃秃的山头看不到一点春的气息，头顶的天空中，一轮大太阳发出惨白的光，没有一片云彩。远处的田地里，土地龟裂，干土飞扬。张祖云咽了口吐沫说：“这是社里第一次组建社火队，一方面过年热闹热闹，另一方面，为这片干涸的土地祈福，祈求牛年风调雨顺。”自2008年10月以来，这里只下了两次雪，每次下的雪只有“一鸡爪儿厚”。“如果再不下雨，今年的春播都有问题了。”村民魏志爱担忧地说。

旱魃正在以一种近乎惨烈的方式在陇原大地肆虐。

甘肃一直是中国西北水资源紧缺的一个省。2008年入冬以来，甘肃河东大部分地方气温偏高1摄氏度至2摄氏度，基本上没有下雪，暖冬现象十分明显。河东地区降水偏少，一些地方连续无降雨天数达60~90天，部分地方旱情露头，并持续发展。

黄委天水水土保持试验站传来资料说，自2008年11月份以来，天水市气温偏高，大部分地方没有出现降水过程，为近10年来冬季降水最为偏少的年份，农田墒情持续下降，旱象进一步扩大蔓延，且持续加重，部分农田表层土壤干土层厚度达13~20厘米。截至目前，全市农作物受旱面积为208.68 万亩，约占越冬作物总面积的81.6%；冬油菜受旱面积为44.17万亩，约占总面积的82.6%，死苗5.98万亩，约占总面积的11.2%；春播地块缺墒面积180万亩，其中严重缺墒87 万亩。与此同时，干旱导致广大山区27.62万人、10.08万头大牲畜饮水发生严重困难，人畜饮水水窖蓄水量不足，部分乡镇群众靠买水解决饮水问题。

2月5日，甘肃省会宁县政府部门工作人员在受灾农田内查看墒情　　新华社

2月11日，甘肃省白银市会宁县张城堡村村民一脸焦虑："村里现在吃水都成问题,吃的水是从城里买来的,每吨50~60元,全村种的冬小麦已经很多死苗了，村里的地有80%翻耕，等着旱情缓解之后，种其他农作物。如果再不下雨，恐怕今年就没有什么收成了。"据了解，每亩地种冬小麦的成本损失至少有340元。

据2月18日统计，全省受旱面积2310万亩，重旱742万亩，其中，越冬作物受旱737.18万亩，重旱281.52万亩，干枯71.23万亩。旱区因旱有41.5万人、49.67万头畜出现饮水困难，主要分

2月5日，甘肃省会宁县的村民何保健在运输生活用水 新华社

布在庆阳北部、平凉西部、天水北部、白银中南部及榆中、永登、安定、陇西、东乡、永靖、古浪等地干旱山区。旱情导致水库蓄水偏少，甘肃全省大中型水库蓄水7.04亿立方米，比上年同期少蓄11228万立方米。这给抗旱工作带来很大难度。

据甘肃省水利厅分析，此次旱情主要特征有以下几点：一是中东部地区降水偏少。除陇南大部外，河东地区地方冬季降水不足20毫米，庆阳、平凉、天水、白银、临夏东部、陇南东北部等地比常年同期偏少三至九成，六盘山以东地区及秦州、秦安、静宁、靖远、会宁等地偏少六至九成，90多天未出现有效降水过程。二是部分河流来水偏枯。党河、讨赖河、黑河、渭河等河流来水呈减少之势，当前来水量较多年同期偏少三至四成，渭河主要支流散渡河、葫芦河及泾河干支流来水持续偏枯五至九成。截至2月11日，甘肃省以灌溉为主的29座大中型水

2月6日，人们在察看甘肃省会宁县太平镇一处农田内枯死的小麦

韩传号　摄

库蓄水8.5亿立方米，比2008年同期少蓄9300多万立方米，减少10%。三是土壤失墒较重。入冬后，全省大部分地方气温偏高，导致土壤失墒加重、越冬作物冬眠不足。特别是入春后，气温快速回升，异常偏高，2月上旬气温达到近60多年的最高值，土壤失墒很快。

面对严重旱情，甘肃省于2月6日启动Ⅱ级应急响应，加强调度指挥，增加资金投入，先后派出多个工作组深入灾区调查了解灾情，指导抗旱救灾，帮助农民解决实际困难。当前，甘肃省正组织广大干部群众开展以早春顶凌覆膜为主要内容的科技抗旱，狠抓农作物田间管理，认真做好春耕备耕工作，最大程度减轻旱灾威胁和损失。

据农业部网站2月24日消息，农业部农情调度显示，由于降水持续偏少、气温普遍偏高、河流来水偏枯三个主要原因，甘肃省旱情严重。目前，随着气温的快速回升，蒸发量加大，旱情仍在持续加重。甘肃省农作物受旱面积自2月份以来居高不下，2月20日仍维持在725万亩的最高峰值，是8个受旱省份中唯一旱情持续发展的省份。

关键词：山西
旱象：三晋大地处处喊渴

在山西境内，北方特大干旱带来的灾难正在四处蔓延。

山西阳泉，地处中华脊梁太行山中部，小米是这里的特产之一。当地目前主要种些小米和玉米，麦子很多年前就不种了。这个地方本来水就少，谷子和玉米算是好养活的。

据当地农民介绍，“去年冬天没一点雨雪，土干得很，照现在这种干旱，就算挖一米深下种，都活不了。”田头，冬季的山村梯田都是一片光秃秃的土黄色，土地的表层已经风干成一层干壳。

2008年10月份至2009年2月上旬，山西省平均降水量仅3.7毫米，较历年同期偏少八成二，全省长达100多天无有效降水，遭受了新中国成立以来的第三次严重干旱，东南部地区的旱情发展趋势一度达到特旱。

严重的干旱致使土壤失墒，农作物缺水，水利工程蓄水不足，一些靠旱井、旱窖、小泉小水等工程吃水的农村群众出现返困。加之2008年发生自1951年以来最为严重的伏旱，三晋大地处处喊“渴”。

2009年1月初统计，山西省受旱面积已达3100多万亩，其中

为农户送水　　新华社

农作物受旱面积816万亩。目前，干旱仍呈扩展延伸趋势。最新数据显示，全省受旱面积达3631万亩，据农业部门统计农作物受旱面积837.7万亩，占冬小麦播种面积的77%，严重受旱面积586.8万亩，白地缺墒面积2795万亩，其中小麦主产区临汾、运城的农作物受旱面积638万亩。晋城市96万亩小麦有76万亩出现旱情，其中58.7万亩旱情较重，一半以上冬小麦叶片枯萎。

更为严重的是，长期的干旱少雨使农村群众生活用水严重匮乏。在山西省农村供水工程服务对象中，有614万人依靠旱井、旱窖、小泉小水等地表水源供水，有无保障要看老天的眼色。据统计，山西省已有113万人因干旱造成饮水困难，这部分人口主要集中在阳泉、吕梁、长治和忻州等部分县区，占到全国因旱造成人畜饮水困难数的20%以上。

2009年1月17日，山西省防汛抗旱指挥部发布干旱黄色预警，启动了抗旱Ⅲ级响应。2月3日，山西省防汛抗旱指挥部发布干旱橙色预警，启动Ⅱ级抗旱应急响应。连续启动黄色、橙色干旱预警，这在山西省尚属首次。

旱情牵动中南海

旱情蔓延速度快得惊人，中国夏粮生产面临着多年少有的严峻挑战。

党中央、国务院对此给予了高度重视，中共中央总书记、国家主席、中央军委主席胡锦涛，中共中央政治局常委、国务院总理温家宝，中共中央政治局常委、国务院副总理李克强作出重要批示，要求各级领导对此要高度重视，组织动员一切力量，落实各项抗旱措施，打好这场硬仗。要加大对旱情严重地区抗旱工作的支持力度，增加抗旱投入，帮助旱区克服困难，争取夏粮乃至全年粮食有个好收成，为今年保持经济平稳较快增长打一个好基础。

2月5日，中共中央政治局委员、国务院副总理回良玉主持召开国务院专题会议，贯彻落实中央领导同志批示精神，全面分析当前的旱情、苗情和农业生产形势，对农业抗旱保苗及森林草原防火等工作作出进一步安排部署。他强调，各有关地区和部门特别是受旱区各级领导一定要从全局和战略的高度，充分认识当前旱情的严峻性和做好抗旱工作的重要性，进一步增强责任感、紧迫感，切实把抗大旱、促春管、夺丰收作为当前“三农”工作最紧迫的任务，作为贯彻中央一号文件精神、稳粮增收强基础重民生最重要的举措，作为保增长、促进国民经济平稳较快发展最基础的工作，紧紧抓住立春后小麦苗情转化和

温家宝总理赴河南察看旱情　　新华社

产量形成的关键期，紧急行动起来，迅速掀起以抗旱为中心的春季田间管理热潮，千方百计减轻旱灾损失，力争夏季粮油有个好收成，努力实现今年农业稳定发展。

会议要求，各有关地区和部门要在前一阶段工作的基础上，对农业抗旱各项工作进行再动员、再部署、再落实，切实抓紧抓实抓细抓好。一要进一步强化抗旱工作指导，按程序启动抗旱Ⅰ级应急响应，在有关部门派出工作组的基础上，国务院即日向8个重旱区派出工作组，深入旱区第一线，研究应对措施，帮助旱区解决实际问题。二要进一步强化抗旱资金投入，在中央财政已经紧急拨付1亿元特大抗旱补助资金的基础上，再次增加安排3亿元特大抗旱补助经费和农业生产救灾资金；做好农机购置补贴安排，支持旱区购买抗旱机械；提前预拨部分农资综合补贴资金，用于农民抗旱投入；加大农村信贷支持，帮助农民解决抗旱资金需求。三要进一步强化小麦田间管理，通过技术指导、物资保障、资金补贴等，引导和推动农民抗旱保苗，扩大麦田灌溉，早浇返青水、早施返青肥，促进苗情转化。四要进一步强化水资源科学调度，千方百计增加抗旱水源，加快控制性水源工程和应急水源工程建设，积极开展人工增雨作业，确保城乡居民生活用水安全，妥善解决好农村人畜饮水问题。五要进一步强化春荒救济工作，尽快下拨中央春荒救济资金，并尽速落实到村、户和人，确保农村困难群众的基本口粮，帮助困难群众解决春耕生产所需资金和物资。六要进一步强化森林、草原防火工作，全面加强火情监测，及时消除火灾隐患，提高应急处置能力，确保不发生重大森林草原火灾，确保不造成重大人员伤亡。七要进一步强化春耕备耕各项工作，注意防范"倒春寒"、动植物病虫害等其他灾害，切实保障抗旱用油、用电，以及化肥、农药、种子等农业生产资料供应，加强高致病性禽流感等重大动物疫病防控，多渠道促进农村劳动力就业，努力促进农业稳定发展、农民持续增收。

2月7日至8日，刚刚出访欧洲四国归来的中共中央政治局常委、国务院总理温家宝不辞辛苦，带领国务院有关部门负责同志赶赴河南抗旱一线，深入田间地头，实地了解当地旱情，指导抗旱浇麦工作，看望慰问奋战在抗旱第一线的广大农民、技术人员、干部和部队指战员，并与各级干部和农民代表亲切座谈。他指出，在当前应对国际金融危机、保持经济平稳较快发展的关键时期，促进粮食稳定增长、农民持续增收，事关经济全局，意义重大。抗旱救灾工作不仅关系粮食安全，而且关系扩大内需政策的实施。旱区要把抗旱工作作为当前经济工作的重中之重，认真贯彻落实中央提出的各项政策措施，切实抓紧抓好。

来自党中央、国务院的高度重视和亲切关怀，极大地激发了受旱地区干部群众的积极性，一场抗旱保丰收攻坚战已然打响。

新闻链接：

华北黄淮今冬降水少冬麦受旱 未来十天仍无降水

中国网1月15日　2008年入冬以来，华北、黄淮等地降水量较常年同期偏少七至九成，土壤失墒加快，旱情发展迅速，部分地区粮食作物受旱严重，其中冬小麦受旱影响最为严重，目前干旱已成为河南、山西等地农业生产中最为突出的问题。1月12日全国农业干旱综合监测结果表明：河北南部、山东西部、河南中北部、山西东南部等地部分冬麦区发生轻度干旱，局地中旱，部分城市及地区创下了同期降水最少历史纪录。

中央气象台预计未来10天，华北中南部、黄淮等干旱区仍无明显降水过程，北方麦区雨雪稀少，山西、河北、山东、河南和安徽部分冬麦区的旱情将加重。

为减少干旱所造成的不利影响，专家建议目前土壤尚未严实封冻的麦区要合理调配水源，加大灌溉力度，并及时追施速效氮肥，中耕松土蓄水提温；要利用晴暖午后进行小水细灌；对近期浇过水的麦田，应及时划锄保墒，防止土壤板结；对土壤封冻的地区，采取镇压或覆盖等措施，以保墒抗旱。同时，干旱易引发森林火情，野外用火需加倍小心。

河南遭受特大旱情　受旱面积达63.1%

河南日报(记者　董学彦)　由于天气异常，我省旱情不断扩大，受旱程度不断加深。据省气象局卫星遥感监测，全省受旱面积已经达到了63.1%，全省遭受了自1951年以来的特大旱情。

1月29日，省政府召开抗旱浇麦和麦田管理工作会商会，对当前抗旱浇麦和麦田管理工作进行具体安排。副省长刘满仓要求，面对严重旱情，各地要采取一切必要的措施，高度重视，分秒必争，克服靠天等雨的思想，狠抓旱情较重地块的抗旱工作，千方百计组织好水源，动用所有灌溉机具和一切可以调动的资源，把抗旱浇麦和麦田管理工作做好，把因旱灾和天气气候对粮食产量造成的影响降到最低限度。

同日，省政府下发了《关于做好当前麦田抗旱浇麦工作的紧急通知》，要求各地各部门迅速行动起来，坚决打一场抗旱浇麦攻坚战，为今年小麦的丰产丰收奠定基础。省防汛抗旱指挥部发出紧急通知，要求省委、省政府抗旱浇麦保丰收工作督导组立即行动，督促各地加快抗旱浇麦进度，加强麦田管理。

1月30日，省委、省政府抗旱浇麦保丰收工作督导组赶赴所包省辖市，继续督导抗旱浇麦工作。黄河防总决定，自1月30日14时起，小浪底水库下泄流量加大至550立方米每秒，支持我省抗旱工作。

截至1月30日，全省共投入抗旱资金4.99亿元，日最高投入抗旱人数142万人，动用机电井56万眼，投入机动抗旱设备46万台套，机动运水车辆1.2万辆次，已累计浇灌面积4867万亩次。

山西省少雨干旱趋重 抗旱保苗紧急

新华网山西频道1月24日 记者从省气象台了解到，预计未来一周内山西省仍无有效降水，干旱指数将达到重旱，小麦的越冬死亡率会进一步增加，这给当前冬麦区抗旱保苗工作带来严峻考验。

据了解，自去年10月份以来，山西省降水严重偏少，从去年11月至今长达80天连续无有效降水，旱情发生范围之广、持续时间之长、小麦受旱面积之大在山西省多年来实属罕见。

省气象台气候中心安炜：这次干旱是从去年10月中旬开始，持续时间比较长，从去年10月中旬到今年1月中旬，我们统计的降水量比常年偏少七成，从历史情况来看，是从1971年以来第二个降水量最少的年份。

省防汛抗旱指挥部副主任王林旺：受降水量严重偏少影响，山西省旱情比较严重，全省受旱面积3100万亩，其中作物受旱面积达到816万亩。

持续干旱使得江河来水持续偏枯，水利工程蓄水严重不足，目前山西省大型水库蓄水量比去年同期偏少，有405座水库干涸。

省水文局水情处曹建业：据水文部门监测，从去年年底到现在各河流普遍发生断流，是近年来河流水量最少的一年。

气象部门预测，近期和今年春季我国大部分地区气温仍然偏高，黄淮大部、华北东部等地降水仍持续偏少，北方冬麦区发生大范围春旱的可能性很大，未来抗旱形势十分严峻。

省气象局高级工程师张洪涛：到这个月底，全国的降水主要分布在东北地区和南方地区，山西省仍然没有明显的降水，仍然持续干旱。

专家介绍，今年山西省冬麦区旱情呈现以下四个特点：一是降水严重偏少、气温偏高；二是农作物受害面积大、程度重；三是部分地区人畜饮水困难突出；四是江河来水持续偏枯，水利工程蓄水严重不足。为此，省防汛抗旱指挥部也已紧急启动了三级抗旱应急响应，紧急下拨抗旱资金1000万元，同时要求各市县财政配套一定的抗旱资金。

从相关部门记者了解到，目前，全省投入各类水利设施3万多眼，完成冬浇面积415万亩，115支抗旱服务队累计出动拉运水车辆3800台次，送水2万余方，及时缓解了群众的吃水困难。

陕西近百日滴雨未下　遭遇10年不遇旱灾

黄河报·黄河网2月1日（秦延安）　1月31日，看着地里的冬小麦一天天干枯，陕西省蓝田县新寨村50多岁的侯思梅一脸愁苦。“自从去年10月初种上麦子后，就一直没下雨，到现在已经近百天了。你看，现在部分麦子已经旱死，原来绿油油的麦苗成干柴了。”侯思梅抓起地里一把干黄的麦苗说。

自2008年10月以来，陕西省未出现过一次有效降雨雪天气，比特大干旱的1995年和1997年同期还低3个百分点。全省有861万亩小麦受旱，2.8万人发生饮水困难。当前，干旱范围不断扩大，程度加重。

据统计，2008年陕西省大部分地区降水较常年同期偏少四至九成，是1961年以来的第五个少雨年份，主要江河严重偏枯三至八成。干旱自北向南、由东向西不断扩展，干旱程度逐渐加重，未灌溉农田土壤墒情不足，特别是农田表层缺墒严重。关中大部分地方和陕南部分旱地10~30厘米土壤相对湿度为50%左右，陕北、关中大部地区有轻到中旱，渭北一带干旱严重，干土层达到10~20厘米，对冬小麦安全越冬造成一定影响。

面对持续发展的旱情，陕西省防指要求各地继续紧急开动一切水利设施，加快冬灌进度。各大中型灌区特别是大型自流灌区，要抓紧灌溉供水，扩大灌溉面积。沿渭各地要按照《渭河水量调度办法》，加强协调配合，科学调配水量，努力实现抗旱灌溉和水量调度的双赢。无灌溉条件的田块要进行镇压、耙耱、保墒，防御冬小麦受冻，增施农家肥，使冬小麦安全越冬。

山东省旱情急剧发展

齐鲁晚报　自2008年11月以来，山东省降水持续偏少，全省平均降水量为9.5毫米，较常年偏少73.2%，是1951年以来第四位最小值，干旱已对冬小麦生长造成较大影响。截至2月2日，山东省麦田受旱面积已达3328万亩，占小麦播种面积的60%以上，其中重旱1000多万亩，旱情呈急剧发展趋势。

济南市降雨持续偏少

济南日报（赵静）　记者从市气象局了解到，自去年10月以来我市降水持续偏少，2008年10月1日至2009年1月31日，全市平均降水量29.5毫米，较常年偏少33.7毫米，偏少53%。尤为严重的是自2008年11月1日至今年1月31日全市无有效降水，该时段全市平均降水量仅3.4毫米，较常年少22.8毫米，偏少87%。

济南市8日至9日小雨　难解旱情

济南日报(赵静)　从目前气象资料分析，2月15日前我市降水仍然较少，但天空云量较多、雾霾天气较频繁，气温呈回升趋势，8日至9日全市可能出现一次弱的降雨过程(济南市南部降雨可能稍大一些,北部较小)，但由于雨量较小难以缓解旱情。

4日，济南市气象台还发布了短期气候预测，预计2月至4月，济南市降水接近常年，平均气温较常年略偏高。降水量：2月份5毫米至10毫米，接近常年(7.8毫米)；3月份8毫米至15毫米，较常年(13.2毫米)略偏少；4月份20毫米至30毫米，接近常年(26.0毫米)。平均气温：2月份1.5℃至2.5℃，较常年(0.9℃)偏高；3月份7.5℃至8.5℃，较常年(7.1℃)略偏高；4月份15.5℃至16.5℃，较常年(15.0℃)略偏高。

罕见：陇原冬旱持续肆虐

新华网甘肃频道2月6日　旱！旱！旱！至目前，包括甘肃省在内的北方多个省区遭遇旱灾，全国近43%的小麦产区受旱，部分地区人畜饮水困难。在我省，中东部地区因降水偏少，旱情严重，重旱面积达600万亩，20多万人、18多万头牲畜发生饮水困难，抗旱形势十分严峻。

“此次冬旱持续时间之长，波及范围之广均属历史罕见。”2月5日，甘肃省抗旱防汛指挥部有关人士接受本报记者采访时这样说。

甘肃省水利厅2月5日发布的消息称，此次旱情主要有四大特征：河东地区降水稀少。除陇南大部外，河东地区冬季降水不足20毫米，庆阳、平凉、天水、白银、临夏东部、陇南东北部等地比常年同期偏少三至九成，六盘山以东地区及秦州、秦安、静宁、靖远、会宁等地偏少五至九成；部分河流来水偏枯。党河、讨赖河、黑河等河流来水呈减少之势，当前来水量较常年同期偏少三至八成，渭河主要支流散渡河、葫芦河及泾河干支流来水持续偏枯四至八成。全省以灌溉为主的29座大中型水库蓄水8.2亿立方米，比去年同期少蓄1.05亿立方米；旱情致使土壤失墒加重。入冬后，全省大部分地方气温偏高0.3~1.5℃，河西及中东部地区偏高1~2℃，导致土壤失墒、越冬作物冬眠不足，当前春播地受旱815万亩，越冬作物受旱438万亩；在农作物遭受损失的同时，部分地区出现人畜饮水困难的问题。由于一些地方去秋降水相对较少，导致水窖蓄水不足，加之冬季干旱造成一些小溪、山泉、土井等水源水量减小，因旱有35万人出现程度不同的饮水困难，主要分布在庆阳北部及白银、兰州、平凉、天水、临夏等地干旱山区。

来自省上有关部门的数据显示，目前，甘肃省受旱总面积达1500万亩，其中重旱面积600万亩，冬小麦、冬油菜受旱面积达500万亩，因旱导致20多万人、18多万头牲畜发生饮水困难。

新闻分析：为何旱情又似火

新华网北京1月20日电（姚润丰）　山西发生自1999年以来最严重的一次冬旱，河北全省遭遇历史罕见的冬旱，江西赣江中下游、抚河、潦河等河流控制站水位均突破历史最低……一场发生范围之广、持续时间之长、小麦受旱面积之大均为多年少见的冬旱正在肆虐北方大部地区，给当前冬麦区抗旱保苗，保夏粮生产工作带来严峻考验。

据气象部门预测，近期和今年春季，我国大部分地区气温仍然偏高，黄淮大部、华北东部等地降水仍持续偏少，北方冬麦区发生大范围春旱的可能性很大，未来抗旱形势十分严峻。

为此，国家防汛抗旱总指挥部20日召开北方冬麦区异地抗旱会商会，国家防总副总指挥、水利部部长陈雷宣布启动三级抗旱应急响应，各地按照抗旱预案启动相应等级的应急响应，全力做好当前的抗旱工作。

陈雷介绍，去冬以来，我国大部分地区雨雪严重偏少，北方地区主要江河来水持续偏枯，水利工程蓄水明显不足，部分冬麦区发生严重冬旱。截至1月19日，河北、山西、安徽、河南、山东、陕西、甘肃等7省冬麦区受旱面积总计达1.04亿亩，其中重旱2428万亩，因旱饮水困难人口196万人、大牲畜67万头。

根据会商分析，当前北方冬麦区旱情呈现四个特点：一是降水严重偏少、气温偏高。去冬以来，华北大部、西北大部、黄淮大部及江淮大部累计降水量较常年同期偏少五成至九成，一些地区基本无降水，华北、黄淮一些地区连续无雨雪日数超过70天，一些地区累计雨量出现有气象记录以来最小值。去年11月份以来，上述大部分地区平均气温偏高，其中11月上旬至12月中旬，华北、黄淮以及西北东部部分地区气温较常年同期偏高2至4摄氏度。受持续高温少雨天气影响，部分冬麦区12月上旬就发生旱情。

二是农作物受旱面积大、程度重。当前北方冬麦区作物受旱面积1.04亿亩，是近5年来的同期最大值，大部分省冬麦区受旱面积超过在田作物的三分之一。同时，当前正值隆冬季节，干旱天气与寒流过程结合，寒旱叠加、旱冻并存，增加了抗旱灌溉难度，部分地区苗情很差，一些地区出现大面积黄苗现象，有的甚至出现干枯死苗。

三是部分地区人畜饮水困难突出。受持续干旱影响，目前黄淮海一些山区和丘陵地带有196万群众、67万头大牲畜因旱存在饮水困难。一些群众拉运水距离远、缺水持续时间长、抗旱成本高，对日常生活造成了很大影响。

四是江河来水持续偏枯，水利工程蓄水严重不足。去年12月至今年1月中旬，北方冬麦区主要江河累计来水持续偏少，其中黄河干流潼关水文站12月份平均流量为历年同期最小，渭河、泾河入冬后来水比常年偏少三成至七成。据统计，截至2009年1月1日，山西、山东、河南、陕西4省区大型水库蓄水量比去年同期偏少，其中河南少蓄18.6亿立方米。中小型水库蓄水尤为不足，山西省目前有405座水库干涸。

“黄淮海地区是我国冬小麦主产区，也是我国重要的商品粮基地，做好冬麦区当前抗旱工作对保障我国夏粮生产，积极应对国际金融危机，保障我国经济平稳较快发展，维护社会稳定，促进农业稳定发展和农民持续增收，具有十分重要的意义。”陈雷强调，黄淮海区域也是老旱区，旱灾损失历来严重，近十多年来，由于黄淮海大部区域降水严重偏少，干旱缺水问题日益严重，抗旱任务十分艰巨。各地要克服麻痹侥幸心理，牢固树立抗大旱、防大灾、抗长旱的思想，把冬春抗旱工作纳入重要议事日程，确保领导到位、责任到位、组织到位、措施到位。

当前，部分冬麦区城乡群众饮水困难问题突出。国家防总要求，在新春佳节即将来临之际，各地及有关部门要坚持以人为本，把确保城乡居民生活用水安全放在抗旱工作的首位。对可能发生供水短缺的城镇、农村要认真摸底排查，针对存在的困难和问题要及早采取相应的措施。供水紧缺城市要强化用水管理，进一步加强应急抗旱备用水源建设。农村人畜饮水困难地区，要千方百计增加抗旱水源，必要时要采取应急措施，组织工矿企业和抗旱服务队为困难群众拉水送水，确保旱区群众基本生活用水，确保旱区群众过一个祥和安定的春节。

各地各部门紧急动员　全力抗旱

中国新闻网2月5日电　综合消息　针对旱情，中国政府高层不断发出抗旱保收成的批示，各地和各相关部门紧急动员，全力采取措施应对旱情。

各受旱省区目前已经采取多种措施浇灌麦田。据不完全统计，近期北方冬麦区各省最高日投入人数912万人，抗旱机动设备77万多台套。农业部的消息说，目前上述7省已累计浇麦5658.7万亩，占受旱面积的39.6%，其中严重受旱麦田已灌溉44.3%。

面对特大干旱，农业部启动抗旱一级应急响应，并紧急编印了9份分区域抗旱应急技术明白纸，3日晚已将10万张明白纸送达旱区。为及时掌握冬小麦受旱情况，指导各地落实抗旱技术措施，农业部日前派出了11个工作组，迅速赶赴上述省份开展工作督导和技术指导。

国家防总2月4日也启动Ⅱ级抗旱应急响应，并再次向旱区各省发出紧急通知：要求加大投入力度，努力扩大灌溉面积；要进一步落实抗旱预案，及时启动抗旱应急响应；要切实加强抗旱水源的统一管理和调度，统筹安排好城乡居民生活、生产用水，最大限度减少旱情影响和损失。国家防总在2月2日派出4个工作组的基础上，再次派出两个工作组，赴旱区指导抗旱。

此外，近日，国家防总商财政部再次安排特大抗旱补助费支持旱区抗旱工作。

2月4日下午，中国气象局国家气候中心在京牵头组织全国干旱会商。中国气象局局长郑国光强调，各级气象部门要将当前的天气气候预测作为重中之重，密切监视大气环流形势的变化；要利用有利时机及时开展人工增雨作业，全力以赴缓解旱情；要在关注降水的同时关注气温变化情况，避免由温度升高导致土壤失墒快、冻土层融化快等加剧旱情的事件发生。同时要关注冬小麦麦区以及春播季节旱区的旱情发展，防范由干旱引发的沙尘暴、森林火灾和倒春寒等次生灾害，继续监视干旱对未来农业生产形势的影响。

旱情呈现五大特点
北方大部未来仍无明显降水

中国新闻网2月5日电　综合消息　中国气象局专家表示，这次干旱持续时间之长、受旱范围之广、程度之重历史少见。未来一段时期，北方大部仍无明显降水，旱情一时难以缓解，部分地区可能出现冬春连旱。

2008年11月下旬以来，中国北方降水量明显偏少，旱情持续发展，加上入冬以来几次强降温天气过程造成旱冻交加，对冬小麦安全越冬正常发育造成严重影响。气象专家4日表示，这次持续大范围的干旱呈现出几个特点：

一是秋冬连旱。冬小麦播种出苗以来，华北、黄淮、西北、江淮等地已经3个多月未见有效降水，较常年同期减少七至九成，部分地区降水偏少已接近或突破历史极值，北方麦区遭遇了多年罕见的秋冬连旱。目前，华北、黄淮、江淮、江汉等地普遍达到中到重度干旱，部分地区达到特重程度。

二是受旱面积大。据农业部农情调度，截至2月2日，河南、安徽、山东、河北、山西、甘肃、陕西等主产省小麦受旱1.41亿亩，其中严重受旱5320多万亩，分别比去年同期增加1.32亿亩和5240万亩。

三是受旱程度重。据主产省农业部门调查，由于长时间无有效降雨，加之大风天气较多，土壤失墒严重，北方麦区大面积出现3~10厘米干土层，旱情仍在持续发展。

四是旱冻叠加。在旱情持续发展的同时，去年12月初以来，冷空气活动频繁，出现多次大范围降温过程，尤其是1月20~25日，我国大部分地区受到寒潮袭击，降温幅度达8~12℃，局部地区达17~20℃，加剧了旱情影响。

五是可能出现冬春连旱。据中央气象台预测，2月份华北、黄淮大部、江南东南部降水将较常年同期偏少二至五成，华北中南部、黄淮大部旱情还将进一步发展，一些地区将出现冬春连旱。

黄河防总发布流域旱情

黄河报·黄河网2月8日 2月6日黄河防汛抗旱总指挥部发布黄河流域当前旱情。

2008年11月以来，黄河流域大部分地区降水量不足10毫米，其中上游地区降水量较常年偏少四至七成，中游的陕西、山西省偏少七成左右，陕西省局部地区偏少九成，黄河下游地区偏少五至八成。黄河流域165个雨量站点中有18个站降水量偏枯程度超过50年一遇，占雨量站总数的11%；有30个站降水量偏枯程度超过30年一遇，占雨量站总数的18%。黄河中下游大部分地区连续无降雨日数达60天以上，局部地区达100天以上。

在降水量偏少同时，黄河流域今年冬季气温普遍偏高，内蒙古河段和下游地区2008年12月至2009年1月平均气温较常年偏高1摄氏度以上。

由于流域降水偏少，黄河来水偏枯。2008年7月以来，黄河流域来水比多年来水偏枯三成左右，其中上游偏枯一成，中游偏枯六成，下游偏枯八成。2008年11月以来，黄河兰州以上径流量接近多年均值，中下游干流河段来水偏枯三成左右，中游的主要支流来水严重偏枯，渭河来水偏枯三成，北洛河、汾河来水偏枯近七成，伊洛河、沁河来水偏枯七至八成。

当前黄河骨干水库蓄水偏少。截至2月6日，龙羊峡、刘家峡、万家寨、三门峡、小浪底五大水库合计可调节水量为146.0亿立方米，较去年同期少34.0亿立方米；小浪底水库可调节水量仅有17.9亿立方米，较去年同期少18.1亿立方米，为2004年以来同期最小。

依照《旱情等级标准》综合分析，目前黄河上游地区出现中度干旱，中下游地区出现特大干旱。

第二章 责任如山

正月初十，河南中牟县外滩乡十里店村的村民意外发现村外的引水渠里流过来了黄河水。心情焦躁的杨国胜顿时欣喜若狂。

“三刘寨引黄闸放水了！”这消息像一阵风，迅速传遍全村。掐指算来，十里店的村民天天看着村口一天旱似一天的麦田已经心急如焚了3个多月。春节后天天盼着下雨的迫切心情在慢慢变黄的麦叶尖上渐趋绝望。

黄河水的到来让杨国胜和乡亲们重新看到了丰收的希望。

同一天，中牟县刘集乡大冉庄的村民正忙着引用从赵口闸放出的黄河水，抢浇快干枯的麦苗和蒜苗。

正月十六，赵口引黄闸流量达到28立方米每秒。中牟县供水处处长吴国强说：“灌区申请28立方米每秒的流量我们放足了28个，1月10号开闸至今我们已向灌区供水7000万立方米！”

同样输送“救命水”的几十座引黄涵闸在河南、山东昼夜不

郑州赵口闸闸孔门全部开启引水抗旱　　张再厚　摄

息地运转。为了输送这些“救命水”，夺取黄河流域省区夏粮丰收，位于河南郑州的黄河防汛抗旱总指挥部已紧张忙碌了一个多月，应急处置状态不断升级。

2月10日，当记者走进这里的时候，看到一个长长的会议桌上，摊满了各种发往国家防汛抗旱总指挥部和流域省(区)的明传电报、调度指令、用水计划批复、旱情冰情雨情报告等，人们步履匆匆，说话的语速明显加快。在黄河防凌极其严峻的时刻，旷日持久的流域大旱让黄河防汛抗旱总指挥部经历了前所未有的考验。

2007年6月4日，黄河防汛抗旱总指挥部在水利部黄河水利委员会驻地郑州揭牌。与以往的黄河防总相比，新防总增加了抗旱职能，指挥部成员单位也由原来的晋、陕、豫、鲁4省和济南军区，扩大到流域8省(区)和济南、兰州、北京三大军区。

2008年6月3日，黄河防汛抗旱总指挥部根据国家防汛抗旱办公室的要求和《黄河水量调度条例》的规定，颁布了《黄河流域抗旱预案(试行)》。预案明确了抗旱工作原则，黄河防总指挥部、黄委、沿黄省(区)防汛抗旱指挥部、水库管理单位的抗旱工作职责，对主要处置事件进行了分类、等级划分，并制定了相应的响应措施。

让人们始料未及的是，仅仅半年之后，这一预案就派上了用场。2008年下半年，黄河流域来水持续偏少。2008年11月至2009年2月5日，黄河流域大部分地区降水量不足10毫米，其中上游地区降水量较常年偏少四至七成，中游的陕西、山西省偏少七成左右，陕西省局部地区偏少九成，黄河下游地区偏少五至八成。黄河中下游大部分地区连续无降雨日达60天以上，局部地区达100天以上。在降水量偏少的同时，流域冬季气温普遍偏高，内蒙古河段和下游地区2008年12月至2009年1月平均气温较常年偏高1摄氏度以上。

2009年1月初，旱情迅速在华北大地蔓延。据1月4日统计，仅河南全省已有3690多万亩小麦受到干旱影响，其中黄苗现象364万亩，作物枯死面积44万亩，受旱面积已占小麦播种面积的26%。

河南是中国的重要粮食生产基地，其小麦产量占全国总量的四分之一。在大旱步步进逼的紧急关头，黄河防总主动担当，倾尽全力调用相当紧缺的黄河水，全力支援地方抗旱。

快速反应　积极应对

黄河防总一直密切关注沿黄地区的旱情发展动态，积极与有关省（区）联系，依据《黄河流域抗旱预案（试行）》及时发布预警，启动响应措施。

1月6日，为应对河南的严重旱情，黄河防总发布区域干旱蓝色预警，启动Ⅳ级响应，全力支援地方抗旱浇麦工作。这是《黄河流域抗旱预案（试行）》颁布以来，首次启动区域干旱预警。然而，考验其实才刚刚开始。

继河南省发生严重干旱后，山东省菏泽、聊城等地区也发生严重干旱，1月11日，黄河防总将干旱预警升级为黄色，启动Ⅲ级响应。

至2月3日，山西、陕西、甘肃等省，也相继发生严重或中度干旱，黄河防总根据旱情发展，再次将干旱预警升级为橙色，启动Ⅱ级响应。

2月5日、6日，河南、山东先后提高响应等级，启动Ⅰ级响应，发布干旱红色预警。根据黄河流域日益加剧的旱情，以及未来天气形势分析，2月6日，黄河防总发布流域干旱红色预警，启动Ⅰ级响应。

2月7日，黄河流域5省累计受旱面积达1.43亿亩，其中重旱面积2930万亩，部分省份作物受旱面积占播种面积的60%以上，一些地区出现临时性人畜饮水困难。

2008年11月以来，黄河兰州以上径流量接近多年均值，中下游干流河段来水却偏枯三成左右，中游地区的主要支流来水严重偏枯，渭河来水偏枯三成，北洛河、汾河来水偏枯近七成，伊洛河、沁河来水偏枯七至八成。

截至2月9日，黄河龙羊峡、刘家峡、万家寨、三门峡、小浪底五大水库合计可调节水量为145.4亿立方米，较2008年同期少36.0亿立方米；小浪底水库可调节水量仅有17.8亿立方米，较2008年同期少17.8亿立方米，为2004年以来同期最小。

依照《旱情等级标准》综合分析，黄河上中游地区甘肃、陕西、山西出现严重干旱，下游地区河南、山东出现特大干旱。干旱范围大、持续时间长。而其时，黄河防总面对的不仅仅是支持流域抗旱这样一个单一的问题，而是一个十分复杂的局面：应急抗旱与黄河防凌期重叠，需要在完成抗旱工作的同时，避免发生凌汛灾害；应急抗旱供水与下游春灌用水叠加，加上黄河来水和水库蓄水偏少，黄河水量调度形势异常严峻。

鉴于上述情况，黄河防总明确了三个必须同时实现的目标：一是满足抗旱引黄用水需求，二是确保黄河防凌安全，三是确保黄河不断流。

随着旱魔的疯狂肆虐和应急响应的频频升级，黄河防总紧急启动抗旱会商，根据不同的响应级别，会商层级逐步提高，会商频次不断加大。先后召开了15次黄河防总和委级抗旱会商会议。

黄河防汛抗旱总指挥部发布流域干旱红色预警启动Ⅰ级响应 张再厚 摄

春节后上班第一天，黄河防总副总指挥、黄委主任李国英就专门主持召开了抗旱会商紧急会，部署流域抗旱和水量调度工作。在旱情最严重的2月上旬，连续密集会商6次。通过综合分析流域旱情，黄河防总作出了适时升级应急响应，及时加大水库泄流，实施水库联调、接力补水，统筹上下游、合理配置抗旱水源，筹谋在上游开河后适时增加龙(羊峡)刘(家峡)水库泄流向下游调水等一系列决策。自启动Ⅱ级响应后，黄河水量调度实行日调度，抗旱职能部门水调局每天都要会商，分析抗旱用水需求和河道水情。

随着流域旱情的发展和预警等级的提升，黄河抗旱工作也从支持河南一省抗旱，到支持流域五省抗旱，从调度小浪底一库水源，到联合调度中下游万家寨、小浪底和东平湖三座水库，举全河水资源之力全力支持地方抗旱保苗。

为及时有效地支持流域抗旱工作，黄河防总从紧急情况下的加班加点到24小时固定值班，确保联络畅通，随时为抗旱调度决策提供准确的信息。他们主动与流域省(区)防汛抗旱办公室联系，了解最新旱情发展及抗旱动态，建立了作物旱情日报制度，每日统计各地受旱面积变化情况。同时，每天向国家防汛抗旱办公室报告水情、旱情和工作过程，2月6日开始，黄河防总开通短信向相关方面每天通报旱情。2月7日，又施行了黄河流域抗旱信息零报告制度，要求沿黄河务部门每天报告涵闸引水、抗旱灌溉信息，包括各灌区累计浇灌面积、未浇灌面积、累计抗旱用水量、未来5日引水计划等。所谓零报告，即要求无论数据变与不变，都必须坚持每天报告，以便掌握信息，更好地调配黄河水资源。逐日编发《黄河抗旱动态》；滚动批复下游未来五日引水订单。在黄河网上开设了“黄河防总抗旱专题”，及时向社会发布流域旱情发展、黄河防总及各地采取的抗旱措施等。

部门联动　全力以赴

旱情发生后，黄河防总迅速建立了部门联动机制，水调、防办、水文、河务、水资源保护及黄委办公室等部门和单位按照职能分工，积极行动，密切配合，全力支援地方抗旱。

黄委水资源管理与调度局密切跟踪流域旱情、水情、雨情和各地应急抗旱引黄用水需求变化，滚动批复5日供水订单，动态预估未来3天重要断面流量，加强河道及水库实时调度，及时调整水库泄流，凌期与防汛办公室协商水库调度安排，确保防凌安全和河道不断流，及时统计旱情信息、引黄浇灌进度和引黄用水量；防汛办公室负责监视凌情变化，强化凌期水库调度，根据水调部门提出的应急抗旱用水计划，动态调整水库泄流；水文部门及时增加水文测报频次，预报开河时间。2月7日以后，黄河干流龙门至利津11个水文站报汛由一段制增加为三段制，测流频次由每周一次增加为2~3天一次；河南、山东河务局，保持与地方抗旱工作的协调，实时了解引黄灌区旱情、墒情、引黄用水需求，强化引黄涵闸配水管理和所辖河段水量调度，动态统计抗旱浇灌面积及用水量。小北干流陕西、山西河务局和黄河上中游管理局，也积极了解地方旱情、用水需求，动态统计所监管农业取水口的用水量和灌溉进度；黄河流域水资源保护局密切监视河道水质，2月8日开启东平湖入黄闸向黄河泄水后，为确保供水安全，对东平湖陈山口入黄断面和湖心水质实施监测。黄委办公室加强了抗旱宣传报道力度，及时向社会发布黄河抗旱工作动态。

部门联调机制的建立，保证了黄河抗旱工作协调有序地进行，也为确保黄河防凌安全、河道不断流和供水安全提供了机制保障。

靠前指挥　科学抗旱

黄河防总积极贯彻落实回良玉副总理和陈雷部长关于抓好当前抗旱和春灌工作的指示，自1月下旬始，先后派出9个抗旱工作组分赴上中下游的甘肃、陕西、山西、河南、山东等地进行抗旱督导，了解当地旱情、用水需求和引水条件。在旱情最严重的河南省，工作组通过对32座引黄涵闸实地调研了解到，部分涵闸由于多年不用，引水能力降低，一些引黄渠道淤积严重，致使黄河水不能顺利进入麦田。黄河防总及时向河南防汛抗旱指挥部发出《关于河南沿黄地区抗旱用水的意见》的明传电报，列出可以通过清淤提高引水能力的涵闸，建议河南防汛抗旱指挥部组织沿黄地

黄委主任李国英在人民胜利渠渠首调研抗旱工作　　　　于迎涛　摄

区对这些涵闸加紧清淤，提高涵闸引水能力和黄河水资源利用效率，并主动为清淤工作当好参谋。

2月5日，黄河防总常务副总指挥李国英带领工作组深入河南新乡引黄灌区调研抗旱工作，提出要进一步做好引黄渠系的清淤和开挖，提高引水能力，使有限的黄河水资源充分发挥其综合效益。他要求黄委水调部门要着眼于抗大旱、抗秋冬春连旱，合理利用小浪底蓄水量，根据下游旱情和凌情发展，加大小浪底水库泄流，全力支援沿黄地区抗旱。2月6日，李国英随国务院抗旱检查组到河南省开封、商丘等地调研引黄灌区引水灌溉情况，听取并征求了引黄灌区干部群众对黄河泄流情况的意见和要求。

2月7日开始，新乡大功灌区红旗闸三姓庄引黄渠经过驻豫部队、民兵预备役千余名官兵以及封丘河务局干部职工连续9昼夜的奋战，开通3000米长的三姓庄引水渠道。大功灌区引水渠的竣工开通使大功总干渠引黄流量达到20立方米每秒，可解决新乡、安阳2市4县(封丘、长垣、滑县、内黄)共253万亩麦田灌溉需要，新增灌溉面积10万亩。

2月9日，濮阳市政府在南小堤引黄闸召开现场座谈会，针对加快濮阳引黄渠道清淤提出实施方案，迅速调集泥浆泵、推土机、挖掘机等设备30多台(套)，对南小堤、彭楼闸、陈囤闸、于庄闸引渠展开疏通开挖，累计开挖土方2.5万多立方米，引水能力迅速攀升。

截至2月17日，经过河南沿黄数千党政军民携手昼夜奋战，清淤渠道28条，累计清淤长度62.8公里，新开挖渠道3公里，清淤土方近百万立方米，基本实现渠道畅通。

引渠疏通后，河南日引水流量均保持在200立方米每秒以上，每天引水量2000多万立方米，相当于投资数亿元建造一座中型水

开通后的红旗闸引水渠　　张再厚　摄

库的蓄水量。河南最大引黄流量一度达到300多立方米每秒，最大日灌溉面积30多万亩。2月16日16时，引水能力由最初的30立方米每秒最大增至302.47立方米每秒，为30年来河南引黄流量之最。

为配合引渠清淤开挖及引黄涵闸维修，河南河务局先后投入400多万元，全力以赴保证沿黄灌区抗旱用水需求。

在抗旱防凌调度中，黄河防总依照《黄河水量调度条例》，充分发挥流域管理的优势，加强与沿黄省（区）防汛抗旱指挥部的联系沟通，建立沿黄省（区）防汛抗旱指挥部抗旱负责人联席制度，启动Ⅰ级响应后，请求沿黄省（区）防汛抗旱指挥部逐日向黄委报送干流和跨省（区）支流引退水信息；强化气象、墒情、旱情及灾情测报，实现与黄委信息共享。

黄河防总及时主动了解各省用水需求，加强用水计划管理，及时调增抗旱用水指标。根据最新旱情、凌情、水情和引水能力等情况，动态调整水库泄流，做好实时调度，在确保防凌安全前提下，全力支持河南、山东抗旱用水。同时，黄委水调部门启动了小浪底以下河段枯水调度模型，跟踪演算黄河下游需水情况，实行5日订单供水，每天滚动批复，强化实时调度和精细调度。水文部门加测加报黄河下游重点水文站水情，沿黄重要节点有序控制，提前预报3天流量，使抗旱引水忙而不乱，科学有序。

抗旱防凌　统筹兼顾

黄河一向有“伏汛好抢，凌汛难防”、“凌汛决口，河官无罪”之说，这是说黄河凌汛有其特殊的复杂性。黄河凌汛期分为流凌封河期、稳定封冻期、开河期3个阶段。一般年份，11月中

内蒙古河段封河　　郭琦　摄

下旬开始流凌，12月上旬封冻，翌年3月中下旬解冻开河，封冻天数一般为100天左右。每年凌汛期，按照防凌预案，水库必须严格控泄。

旱情发生的时候，也正是黄河凌情发展的阶段。1月6日干旱蓝色预警启动时，黄河下游山东河段刚封河50公里，内蒙古河段封河718公里，中游万家寨以下河曲段封冻长度60公里。整个抗旱的应急响应期，也是陆续封河期，在抗旱的最关键期，下游封河长度达174公里。为避免发生凌汛灾害，必须保持封河河段河道径流平稳。

黄河防总抗旱、防凌两手抓，既要全力做好抗旱工作，又要确保防凌安全。抗旱蓝色预警启动后，黄河防总强调必须按计划引水，因为抗旱用水不断加大，凌情也在不断发展，所以加大水库泄流必须考虑下游的引水能力，否则，下泄流量加大后沿黄灌区引水能力不足，进入封河河段，将抬高冰下水位，可能导致凌灾。

1月12日，内蒙古河段全线封冻，总长720公里。这里堤防基础薄弱，2008年3月曾遭遇40年来最严重的凌汛。

面对严峻形势，黄河防总对防凌工作再部署再落实，并派出两个工作组分别对黄河上下游凌情进行查勘。要求水文部门密切注视气象、水情和凌情变化，加强凌情观测和分析预测，严格按照水量调度指令加强引水管理和实时调度，确保封河河段流量平稳，确保重要水文断面流量达到控制标准，在全力支援抗旱的同时确保黄河防凌安全。

2月12日，黄河防总在鄂尔多斯市召开防凌会商会，强调要落实责任，综合布控，超前预防，确保黄河防凌安全。

面对抗旱和防凌的双重压力，在国家防汛抗旱总指挥部和水利部的领导下，黄河防总根据随时变化的凌情和旱情形势，不断优化调度方案，始终兼顾防凌和抗旱两个方面。随着旱情的不断发展和下游引水能力的不断加大，1月6日至2月16日，先后7次加大小浪底水库下泄流量，1月6日发布蓝色预警后，由290立方米每秒增大至350立方米每秒；1月11日发布黄色预警后，进一步增大至500立方米每秒，1月30日进一步增加至550立方米每秒；2月3日发布橙色预警后，再增加至600立方米每秒；2月6日发布红色预警后，再增加至700立方米每秒；2月8日决定联合系统调度中下游水库，再次增加小浪底水库泄流至900立方米每秒，是小浪底运用以来同期均值的3倍以上，为河南、山东沿黄抗旱用水提供了坚实保障。2月10日下游封冻河段平稳开河后，2月16日再次加大到1000立方米每秒。每次下泄水量增大，黄河防总都要求下游加强凌情巡查观测，严格按计划引水，确保黄河下游防凌安全。对可能出现的问题，要求及早预筹对策，遇严重情况及时向黄河防总办公室报告。

水库联调　接力补水

2月上旬，黄河流域抗旱工作进入攻坚克难的关键时期，旱区各地把抗旱浇麦保夏粮丰收作为所有工作的重中之重。中游晋陕两省逐步加大抽黄水量，下游抗旱用水也迅速增加。基于中下游抗旱用水的需求和黄河防凌的形势，黄河防总决定举全河水资源之力，支援流域抗旱浇麦，同时保障人民群众的生活用水，并兼顾生态用水。

2月8日，黄河防总接连下发指令：8日22时起，黄河万家寨水库下泄流量加大到 450 立方米每秒，小浪底水库下泄流量从

万家寨水库放水　　王寅声　摄

700立方米每秒增加到900立方米每秒，东平湖水库第一次参与抗旱调度，下泄20立方米每秒的流量，三库接力调水支援流域抗旱。此时，小浪底水库泄流增至900立方米每秒，预计该流量5天左右才能演进至艾山断面，此前，需要东平湖应急补水。一是为了最大限度地满足下游不断增长的抗旱用水需求，二是为了保证利津断面不少于80立方米每秒的流量，防止大河断流。在沿黄抗旱的攻坚期，黄河防总挖掘一切可用水源，供豫鲁两省全线开启的60多座引黄闸全力引水，千方百计扩大灌溉面积。东平湖是黄河下游重要的蓄滞洪区，被誉为下游防洪的一张“王牌”，在抗旱紧急期，其水资源综合利用功能得到了挖掘和发挥。黄河防总依据《黄河水量统一调度条例》，首次启用东平湖参与黄河应急联合调度，5天时间向黄河紧急补水933万立方米，为缓解黄河下游旱情提供了有力支援。

2月13日，黄河防总再次发出调度指令:为继续支持晋陕两省抗旱，也为黄河下游后期抗旱筹措水源，同时减轻内蒙古河段开河期的槽蓄压力，即日8时，刘家峡水库控泄水量由350立方米每秒压减到300立方米每秒，万家寨水库控泄水量由450立方米每秒加大到550立方米每秒，小浪底水库900立方米每秒流量过程到达艾山后，13日晚22时关闭东平湖陈山口、清河门入黄闸。

运筹帷幄之中，决胜千里之外，万里大河就这样实现着准确的梯级补水接力！

小浪底900流量过程5天到达艾山、东平湖向黄河应急补水5天，利津断面封河期流量控制在200到230立方米每秒、抗旱紧张期最小流量控制不少于80立方米每秒，下游封冻河段开河期预报与实际开河期仅相差一天，还有取水订单批复计划及实际引水

山东东平湖陈山口闸开闸放水　　郭琦　摄

量，所有的误差均在5%以内，不能不让人对这些复杂甚至堪称庞杂的调度精度称奇。

着眼流域　着眼长远

在抗旱用水配置中，黄河防总始终统筹全局，着眼流域，着眼长远。

一是统筹考虑黄河上、中、下游抗旱用水。在保障下游河南、山东重旱区用水的同时，及时了解陕西、山西两省用水需求，通过加大万家寨水库泄流保障中游抗旱用水，同时关注上游未来用水形势，及早分析宁夏、内蒙古两区春夏灌溉用水需求。

二是统筹干、支流抗旱用水。在统筹安排干流抗旱用水的同时，要求渭河等重要支流有关省(区)要统筹利用支流水资源，加强辖区内水量调度管理，协调好上、下游用水。

三是统筹灌区上下游抗旱用水。对于跨行政区域灌区，为防止灌区上下游用水不平衡，要求有关省防汛抗旱指挥部加强跨地(市)和跨县引黄灌区配水管理工作，协调各地有序灌溉。

四是统筹当前抗旱与长远供水安全。由于来水偏枯和前期抗旱泄水量大，小浪底水库蓄水不足，抗旱水源紧张。黄河防总立足当前，同时着眼于抗大旱、抗长旱的思想，一方面密切跟踪雨、水、旱情和用水需求变化，精细调度水库；另一方面，加强全河水资源统一调度，滚动制定内蒙古河段开河后从上游向下游调水的水量调度方案。

2月2日，黄河防总发出明传电报，要求沿黄各省(区)防汛抗旱指挥部、水库管理单位和黄委所属有关单位严格执行《黄河流域抗旱预案(试行)》，密切跟踪旱情变化，按要求上报抗旱信息，以便及时、科学决策；精细制定引水计划，严格按计划引水，确保防凌安全；2月4日又要求黄河上中游管理局和小北干流山西、陕西两河务局加强与有关省(区)的联系沟通，密切跟踪辖区内旱情变化，及时掌握引水情况，做好信息报送和实时水量调度工作，全力支持黄河上中游抗旱工作。

2月7日,要求干流自龙门至利津11个水文站每天按二段制报汛。

2月8日，黄河防总常务副总指挥李国英签发了编号为黄防总电[2009]9号的明传电报：

河南省、山东省防汛抗旱指挥部：

为统筹抗旱应急配水，协调各地引黄用水需求，避免灌溉进度不均衡，请你部加强跨地(市)引黄灌区灌溉配水管理工作，并要求各地(市)防指加强跨县引黄灌区灌溉配水管理，协调各地有序灌溉，推进应急抗旱整体进度。

二〇〇九年二月八日

当天，黄河防总再次派出两个工作组，一组赴河南进一步了解涵闸引水情况，另一组赴陕西、山西两省调查了解黄河小北干流应急抗旱引黄用水需求，以便及时调整水库泄流，满足地方抗旱用水需求。

黄河防总始终注意上下游、左右岸的均衡供水，要求各方建立良好的用水秩序，让黄河水最大限度地惠及更多的旱区。在下游抗旱的关键时期，并没有忘记上游，主动了解宁夏、内蒙古两自治区引黄灌区降雨、墒情和今年农作物种植计划，以便提前统筹考虑。黄河防总始终关注降雨变化，每当有区域性降雨出现，雨还没下完，就提前开始分析：降雨量会达到多少毫米，是否能或在多大程度上能缓解旱情，以作出及时的应对。

面对抗旱与防凌调度的棘手难题，沿黄省(区)各级防汛抗旱指挥部主动提供信息，紧密配合，给了黄河防总很大的支持，保证了抗旱和防凌的顺利进行。

2月10日，山东沾化县泊头镇司家村的村民们在田间地头突然燃放鞭炮，欢庆黄河水的到来。该村党支部书记解忠东兴奋地说：“我们这里年年春旱严重，今年更是特殊。黄河是我们的‘生命河’，黄河水是我们的‘救命水’。用不了几天，我们村麦田就能普浇一遍。”

自1月6日发布黄河流域干旱蓝色预警后，截至2月25日，河南累计抗旱用水量6.2亿立方米，完成浇灌面积795万亩(含滩区)；山东抗旱用水量10亿立方米，完成浇灌面积1279万亩(含滩区)。豫鲁两省合计完成引黄浇灌面积2074万亩(含滩区)，其中2月22日，两省日引黄河水801立方米每秒。

但众所周知，黄河是资源性缺水河流，至25日8时，黄河干流龙羊峡、刘家峡、万家寨、三门峡、小浪底五大水库合计可调节水量139.8亿立方米，比2008年同期少40.2亿立方米。其中，龙羊峡水库可调节水量106亿立方米，较2008年同期少19.4亿立方米；小浪底水库可调节水量为14.2亿立方米，较2008年同期少21.4亿立方米。

经过多方的日夜奋战和密切配合，黄河母亲用她并不丰裕的乳汁，初步保住了“中国粮仓”。加之几次有效降水影响，黄河流域旱情基本缓解，3月10日，根据《黄河流域抗旱预案(试行)》，黄河防总宣布解除黄河流域干旱蓝色预警。

面对抗旱取得的巨大成绩，黄河防总办公室副主任、黄委水资源管理调度局局长安新代不无忧虑地说，尽管已经举全河水资源之力缓解了流域旱情，但真正的用水高峰还在后面，黄河水资源供需形势仍十分紧张。4月中旬将是全河的又一个用水高峰，各河段的用水形势会非常紧张，实现水资源合理配置，保证两岸用水安全，依然任重而道远！

新闻链接：

黄河防总首次发布区域干旱蓝色预警

新华网郑州1月8日电(记者　张兴军)　针对河南省出现的严重旱情，根据《黄河流域抗旱预案(试行)》，日前黄河防汛抗旱总指挥部发布区域干旱蓝色预警，启动四级响应。这是《黄河流域抗旱预案(试行)》自2008年6月颁布以后，首次启动区域干旱预警。

去年秋冬以来，黄河流域多省(区)降水偏少、气温偏高，尤其是河南省降水量比常年同期偏少近七成，多个地区发生严重旱情。据1月5日统计数据显示，河南全省已有3690万亩小麦受旱，其中重旱364万亩。依照国家防汛抗旱总指挥部办公室制定的干旱评估标准中所确定的农业干旱等级划分指标，河南已进入中度干旱期。

为做好应急抗旱和实时水量调度工作，最大限度减少干旱造成的损失，黄河防总要求委属有关单位全力支持河南抗旱浇麦保丰收，并密切跟踪旱情发展动态，视具体情况采取进一步措施。

支持河南抗旱浇麦　小浪底水库加大泄水量

大河网·河南商报(郭富收)　昨日(1月7日)，黄委会传来消息，针对河南出现的严重旱情，黄委会首次发布区域干旱蓝色预警，启动四级响应，将小浪底水库下泄流量由290立方米每秒调整到350立方米每秒。这也是《黄河流域抗旱预案(试行)》自2008年

6月颁布以后，首次启动区域干旱预警。

1月5日，河南省委办公厅、省政府办公厅联合下发紧急通知，要求切实做好当前以抗旱浇麦为重点的麦田管理工作。河南河务局于1月5日连夜召开紧急会议，要求各沿黄涵闸全部开启，最大限度扩大供水量，并紧急恳请黄委会启动《黄河流域抗旱预案（试行）》，在考虑黄河下游防凌安全的前提下，调整、加大小浪底水库下泄流量，满足沿黄灌区缺水需求。黄委会会商后，将小浪底水库下泄流量由290立方米每秒调整到350立方米每秒。

黄河防总发布黄河流域区域干旱黄色预警支援地方抗旱

新华社郑州1月11日电（记者　张兴军）1月11日，黄委水调部门传来消息，鉴于目前河南旱情继续加重，山东菏泽地区也出现严重干旱的情况，黄河防总进一步提升预警级别，发布黄河流域区域干旱黄色预警，启动三级响应，全力支援地方抗旱。

入冬以来，豫、鲁等省沿黄地区降水偏少，气温偏高，出现严重旱情。黄河防总密切关注沿黄地区发生的冬旱，及时启动黄河流域区域干旱预警机制。1月6日发布蓝色预警，启动四级响应，加大黄河小浪底水库下泄流量，全力支援地方抗旱。

目前，正值抗旱浇麦的关键时期，根据沿黄地区的旱情发展，11日黄河防总进一步提升预警级别，发布黄河流域区域干旱黄色预警，启动三级响应，小浪底水库下泄流量由350立方米每秒加大到500立方米每秒。

黄河防总要求有关单位按照《黄河流域抗旱预案（试行）》的规定，及时采取相应措施，最大限度地减少干旱带来的损失。河南、山东省防指要及时组织会商，研究部署抗旱救灾及相关工作，制定辖区内旱情紧急情况下水量实时调度指令，视情况派出工作组、专家组到灾区具体指导抗旱救灾工作，报送旱情信息和工作动态。

鉴于黄河下游处于防凌关键期，河南、山东河务部门将加强值班，加强供水管理，强化实施调度，确保省际和重要水文断面流量达到控制标准，在全力支援抗旱的同时确保黄河防凌安全。

黄河防汛抗旱总指挥部紧急会商驰援流域抗旱 晋、陕、豫、鲁旱情严重

《黄河报》2 月1 日（记者　于迎涛）2月1日，黄河防汛抗旱总指挥部传来消息，鉴于黄河流域的产粮大省豫、晋、陕、鲁旱情严重，黄河防汛抗旱总指挥部紧急召开抗旱专题会议，在黄河干流来水偏枯的情况下，精心组织、科学调度、千方百计筹措水源，驰援流域抗旱。

去年秋季以来，黄河流域普遍干旱少雨，晋、陕、豫、鲁等省发生大面积干旱。目前，山西省受旱面积已达3100多万亩，其中农作物受旱面积816万亩，占播种面积的78%；陕西省农作物受旱面积达1149万亩，有6.2万人和2.6万头大牲畜出现临时饮水困难；河南全省干旱，已发布红色干旱预警，山西、陕西也相继发布黄色干旱预警。

针对流域内出现的旱情，根据《黄河流域抗旱预案（试行）》，黄河防汛抗旱总指挥部1月6日发布黄河流域区域干旱蓝色预警，启动四级响应；1月11日，根据旱情的发展，将干旱等级升级为黄色预警，启动三级响应，全力支援流域抗旱。

最新水文资料显示，去年11月至今年1月，黄河流域主要来水区来水52.44亿立方米，比多年均值偏少13%，其中黄河中游来水9.5亿立方米，比多年均值偏少51%；下游来水1.41亿立方米，比多年均值偏少76%。受持续干旱影响，黄河小浪底水库可调节水量仅为17.1亿立方米，比去年同期偏少17.4亿立方米。

为支援河南、山东等省抗旱，黄河防汛抗旱总指挥部加强会商，密切跟踪下游凌情和旱情发展，在来水偏枯的情况下，科学调度，及时调增用水指标，去年11月至今年1月，河南省累计引水量为3.16亿立方米，为统一调度以来同期最大；山东省1月份用水指标由原计划的2.28亿立方米增加为2.7亿立方米；多次增大小浪底水库下泄流量，1月10日22时，小浪底水库下泄流量由350立方米每秒增大至500立方米每秒，1月30日14时，增大至550立方米每秒，近期河南引水流量已增加到110~130立方米每秒；黄河防汛抗旱总指挥部派出多个督导组，赶赴沿黄灌区各引水口门，指导灌区单位引好、用好黄河水；防汛、水调部门春节期间坚持值班，严格监督水库调度，密切关注引水情况，全力支援抗旱。

鉴于目前旱情仍在持续，黄河防汛抗旱总指挥部常务副总指挥、黄委主任李国英要求要统筹考虑黄河中、下游用水需求及水库蓄水情况，着眼当前，立足长远，加强干流水库实时调度，确保黄河供水区饮水安全、粮食安全，确保黄河不断流；下游沿黄地区要加大引黄渠道清淤力度，提高引水能力；当前正值凌汛期，要在全力支援抗旱的同时确保凌期安全。

黄河防总再发指令支援流域抗旱

《黄河报》2月2日(记者　于迎涛)　近期黄河流域及下游引黄

灌区仍无有效降水，旱情难以缓解，下一步抗旱及水量调度形势可能更加严峻。黄河防总认真贯彻落实回良玉副总理和陈雷部长关于抓好当前抗旱和春灌工作的批示，2月2日，先后下发了《关于加强水库调度管理的通知》和《关于切实做好流域抗旱工作的通知》，要求沿黄省区防指、有关水利枢纽及河务部门，切实加强抗旱和春灌工作。

黄河防总要求沿黄有关省(区)防指、枢纽管理单位、黄委所属河务局要严格执行《黄河水量调度条例》、《黄河流域抗旱预案(试行)》等法规和规定；密切跟踪辖区内旱情变化，按要求将旱情信息报送黄河防总，以便及时、科学决策；下游沿黄省(区)要加大引黄渠道的清淤力度，提高引水能力，充分利用黄河水资源；河南、山东两河务局要精细制定引水计划，严格按计划引水，确保下游大河流量平稳，保障防凌安全；干流枢纽管理单位要严格执行调度指令，确保水库日均出库流量误差控制在调度指标的±5%之内。

为切实做好流域抗旱工作，防范秋冬春连旱，黄河防总将进一步强化水资源的统一调度管理；加强与有关省(区)的联系沟通，及时掌握旱情发展动态；优化水库调度，确保黄河防凌安全、黄河供水区饮水安全和粮食安全，确保黄河不断流。

黄河防总发布流域干旱橙色预警　启动Ⅱ级响应

小浪底水库下泄流量加大至600立方米每秒

黄河网讯（记者　黄峰）　2月3日，鉴于黄河流域多个省份干旱进一步加剧，根据《黄河流域抗旱预案(试行)》规定，黄河防汛抗旱总指挥部即日起将黄河流域区域干旱由黄色预警升级为橙色预警，启动二级应急响应。在连夜召开的抗旱会议上，黄河防汛抗旱总指挥部要求所属单位全力支持流域抗旱浇麦，最大限度减少干旱造成的损失。

据悉，黄河防汛抗旱总指挥部发布1月11日黄河流域区域干旱黄色预警以来，流域旱情进一步发展。河南省1月31日将干旱预警等级提升为红色，陕西、山西两省2月3日同时将干旱预警等级提升为橙色。受持续干旱影响，黄河来水明显偏少。

最新水文资料显示，去年11月至今年1月底，黄河流域主要来水区来水52.44亿立方米，比多年均值偏少13%，其中黄河中游来水9.5亿立方米，比多年均值偏少51%；下游来水1.41亿立方米，比多年均值偏少76%。黄河小浪底水库可调节水量仅为17.1亿立方米，比去年同期偏少17.4亿立方米。

黄河防汛抗旱总指挥部常务副总指挥、黄委主任李国英要求，鉴于目前河南、山东旱情仍在持续，从即日起，小浪底水库日均出库流量在由290立方米每秒加大到550立方米每秒基础上进一步加大至600立方米每秒。根据陕西、山西旱情的发展程度，适时加大万家寨水库下泄流量。加强对沿黄地区引水情况的检查，确保严格按照计划引水，督促下游沿黄地区加大引黄渠道清淤力度，提高引水能力。水调部门从即日起实行24小时值班。李国英同时强调，当前已进入黄河流域凌汛关键期，黄委防办要立即启动应急防凌机制，水文部门要密切监视凌情动态，抗旱防凌两面作战，在全力支援抗旱的同时确保凌期安全。

据介绍，黄河防汛抗旱总指挥部已发出明传电报，要求流域各省（区）防指和河南、山东河务局及小北干流山西、陕西河务局严格执行《黄河流域抗旱预案（试行）》，落实各项工作措施。要求枢纽管理单位确保水库正常运行，严格执行调度指令。

当前，黄河下游合计引水流量为386立方米每秒，其中河南165立方米每秒，山东179立方米每秒，引黄入卫42立方米每秒。河南累计抗旱引黄水量达1.71亿立方米，为1980年以来同期引水量最多的一年，完成灌溉面积231万亩。

黄河防总发布流域干旱红色预警　启动Ⅰ级响应

人民网郑州2月6日电　根据黄河流域目前日益发展的旱情，以及未来天气形势的分析，为切实抓好当前冬麦区抗旱工作，黄河防汛抗旱总指挥部决定从2月6日起发布黄河流域干旱红色预警，启动Ⅰ级响应。

与此相应，根据河南、山东沿黄灌区的灌溉需求，以及山东济南以下河道的防凌形势，将小浪底水库下泄流量在已从290立方米每秒加大到600立方米每秒的基础上进一步加大到700立方米每秒。

去冬以来，黄河流域甘、晋、陕、豫、鲁等多个省份发生大面积干旱，且旱情持续发展。据黄河防汛抗旱总指挥部办公室统计显示，截至2月5日，黄河流域部分省(区)累计受旱面积达11258万亩。其中，甘肃省655万亩，陕西省1149万亩，山西省3274万亩，河南省4150万亩，山东省2030万亩。

为确保抗旱工作顺利进行，黄河防汛抗旱总指挥部要求沿黄各省(区)防汛抗旱指挥部和河南、山东河务局及小北干流山西、陕西河务局严格执行《黄河流域抗旱预案(试行)》，密切跟踪辖区内旱情变化，按要求及时将旱情信息报送黄河防汛抗旱总指挥部；对流域干旱情况、干旱程度进行全面分析评估，做好长期抗旱的准备；统筹考虑黄河流域抗旱用水需求及水库蓄水情况，着眼当前，立足长远，科学用水、合理用水、节约用水，确保粮食安全和黄河不断流；沿黄地区要进一步加大引黄渠道清淤力度，提高引水能力；沿黄各级防汛抗旱指挥部要坚持防凌抗旱两手抓，在全力支援抗旱的同时确保防凌安全。

黄河小浪底水库加大下泄流量

中央电视台2月6日　本台最新消息，今天上午8点开始，黄河小浪底水库下泄流量由600立方米每秒调整到700立方米每秒，一天增加860万立方米水量用于沿黄抗旱。目前河南、山东两省提出，希望小浪底每天以800立方米每秒的速度放水，但是考虑到黄河下游还有一部分封冻范围，下泄流量过大有安全隐患。目前黄河水利委员会决定，在确保安全的状态下，动态监测，做到科学调度，科学抗旱。

黄河防总联合调度
举“全河之力”支援流域抗旱

新华网郑州2月9日电(记者　张兴军　李钧德)　当前，我国北方冬小麦已陆续进入返青期，而黄河流域旱情仍在不断加剧，在此次抗旱浇麦攻坚战的关键时期，黄河防汛抗旱总指挥部在Ⅰ级响应机制下，采取一切有效措施，系统调度中下游水库，举“全河水资源之力”支援流域省区抗旱浇麦。

自黄河流域遭遇多年未遇的大旱以来，黄河防总不断提升预警级别，直至2月6日发布流域干旱红色预警，启动Ⅰ级响应。1月6日以来共调度小浪底水库向下游调水13.9亿立方米，河南山东引黄灌溉干旱面积超过617万亩。小浪底水库集中下泄水量已超过常年同期均值两倍以上，有效支援了流域抗旱。

为保障抗旱关键期的引黄供水，黄河防总决定联合调度万家寨、小浪底、东平湖等各大水库，鼎力保障抗旱供水。2月8日20时，黄河防总调度万家寨水库下泄流量加大至450立方米每秒，小浪底水库下泄流量增加至900立方米每秒，该流量是多年同期均值的三倍以上。同时，调度黄河下游的东平湖水库于2月8日22时开启入黄闸门，按20立方米每秒的水量为黄河干流增加水源，在保证黄河防凌安全和不断流的前提下，尽最大努力支援山东抗旱浇麦。

为提升引黄抗旱供水效果，黄河防总还派出多个工作组分赴晋陕豫鲁等流域省区，调查灌区灌溉进度和需求，尽最大努力满足灌区引水要求。同时督察各地用好每一立方米黄河水，并要求受旱省区的跨区域引黄灌区加强灌溉配水管理，统筹协调灌区上下游用水过程。

陈雷：优化调度保抗旱　统筹做好抗旱防凌工作

中国水利报2月10日　国家防总副总指挥、水利部部长陈雷通过国家防总异地视频会商系统听取了黄委主任李国英、小浪底水利枢纽建设管理局局长殷保合关于当前抗旱水源调度的汇报。陈雷对黄委和小浪底水利枢纽加强水源调度和科学管理，加大小浪底水利枢纽下泄流量支持河南、山东等省抗旱工作给予充分肯定，并向奋战在抗旱一线的水利职工表示亲切慰问。

陈雷指出，当前受旱面积较大，旱情非常严重。党中央、国务院高度重视，胡锦涛总书记、温家宝总理、李克强副总理、回良玉副总理等党和国家领导人多次作出重要批示，15个省区把抗旱救灾作为经济工作重中之重，多管齐下缓解旱情。黄委决策及时，调度有力，启动最高级别应急响应，小浪底水利枢纽和其他几个枢纽采取同步启动，联合调度，下泄流量不断加大，已由过去290立方米每秒的流量提高到900立方米每秒，有力地支持了抗旱工作。下一步要在统筹做好防凌和抗旱工作的基础上，进一步优化调度，为保抗旱、保春灌春播、保夏粮丰收提供更加有利的条件。要进一步做好防凌汛工作，确保防凌安全。

江河参战　调水“解渴”

人民日报2月11日(赵永平)　国家防总秘书长、水利部副部长鄂竟平2月10日介绍，截至2月9日，旱区各地累计引水、提水、抽水共66亿立方米。目前北方八省冬麦区超过六成受旱小麦已经浇灌，预计10天内受旱冬小麦大部分可以得到浇灌，有效减少旱灾影响。

开挖渠道，排险加固，检修提闸……2月9日，山东省全省重旱地区引黄闸已全部开闸供水，300多万亩重旱田迎来“救命水”。河南省黄河河务局也开启了30座引黄涵闸，已有3.7亿立方米的黄河水用于应急抗旱。

黄河防总常务副总指挥、水利部黄河水利委员会主任李国英说，当前，黄河流域抗旱工作已进入攻坚克难的关键时期。

从1月6日发布黄河干旱预警至2月9日，小浪底水库下泄水量17.73亿立方米，下游抗旱引水6.51亿立方米，较去年同期多3.32亿立方米，为1999年以来同期最多。豫鲁两省共完成抗旱灌溉面积706万亩。

“长江水北调工程发挥重大作用，我们现在可以调水出省了。”江苏省水利厅吕振霖厅长介绍说，该省可以每秒50立方米的流量，向北方外省输水。

吕振霖说，江苏通过“长江水北调”工程，确保了淮北地区的水库水位。现在，只有一些位于水利沟渠末梢的耕地旱情比较严重。这些耕地大多位于淮北的丘陵和高岗地区。目前，水利厅已经组织抗旱作业队，用移动基泵作业向末梢地区供水。

截至目前，江苏全省累计抽水5.6亿立方米，浇灌面积达611万亩。

水利工程功效明显
黄河大型水库联合调度，河南山东用水“订单管理”

“应对旱灾，水利工程、特别是大型骨干工程发挥了重要作用，很大程度上保证了受旱农田的灌溉。”国家防总办公室常务副主任张志彤说。

根据国家防总要求，黄河防总2月8日对小浪底、万家寨、东平湖等大型水库实行联合调度，在进一步加大小浪底水库泄流的同时，增加中游万家寨水库泄流，一方面提前释放内蒙古河段冰下槽蓄水量，减轻凌灾风险，另一方面改善山西、陕西沿黄灌区的取水条件，并向小浪底水库接力补水。调度黄河下游的东平湖水库，防范下游河道断流，尽可能增加抗旱水源。

“没有大型水库这样的骨干工程，科学调度无从谈起。”黄河防总有关专家说，河南、山东两省用水采取“订单管理”，实时调度，及时调增抗旱用水指标，确保有限水资源高效利用。

黄河防总根据旱情发展，将河南省2009年1月份用水指标由原计划0.95亿立方米增加至1.62亿立方米；将山东省1月份用水指标由原计划2.28亿立方米增加至2.70亿立方米。

在确保防洪安全的前提下，江苏省防指在去年汛后积极拦蓄上中游来水，增加湖库蓄水量，入冬前洪泽湖、微山湖、骆马湖和石梁河水库等“三湖一库”蓄水总量达71.2亿立方米。2008年11月至2009年2月3日，调度微山湖、骆马湖、洪泽湖水源29.6亿立方米，支持各地居民生产生活、发电、航运及改善区域水环境用水。同时，调度江都东闸、高港枢纽等沿江口门，抢潮抽引长江水给里下河和沿海地区河网补水。

水源紧张仍是突出问题
大型水库蓄水量偏少，中小型水库蓄水尤其不足

“水源紧张仍是当前抗旱突出问题。”黄河防总有关负责人说。

由于流域降水偏少，黄河来水偏枯。另外，当前黄河骨干水库蓄水偏少。陕西、山西相继成为严重干旱区域，使黄河中游小北干流的供水压力骤然增加。

李国英说，引黄抗旱浇麦要做好引黄渠系的清淤和开挖，提高黄河水资源的利用效率。由于黄河水资源供需矛盾十分尖锐，小浪底水库可调配水量有限，单纯依靠加大水库下泄流量，来提高灌区引黄水量的困难很大。

据统计，去年冬天以来山西、山东、河南、陕西四省区大型水库蓄水量比去年同期偏少，中小型水库蓄水尤其不足，山西省有400多座水库干涸。

“越是旱情紧急，越是要节约利用、高效利用水资源。”国家防总有关负责人说，黄河中下游引黄灌区即将进入冬小麦返青水灌溉和春播用水高峰，用水需求将进一步加大。

打好流域抗旱攻坚战

《黄河报》2月2日(黄河报评论员)　去冬今春，当人们还沉浸在辞旧迎新的欢乐氛围之际，一场多年罕见的大面积干旱，在黄河中下游流域迅速扩展，严重威胁我国北方重要的粮食主产区。这是新的黄河防汛抗旱总指挥部自成立以来面对的巨大挑战，更是黄河流域有关省区必须团结携手共同打好的一场攻坚战。

由于持续的干旱少雨，黄河中下游晋陕豫鲁四省区数千万亩的农作物面临着旱死的危险。河南已经发布干旱最高预警——红色预警，启动一级响应，陕西、山西两省也相继发布干旱黄色预警，启动抗旱三级响应。黄河防汛抗旱总指挥部针对流域内旱情发展的严峻形势，已将干旱等级由蓝色预警上升为黄色预警，统筹调度全河水资源，全力支援流域省区抗旱浇麦。

2月2日，《中共中央国务院关于2009年促进农业稳定发展农民持续增收的若干意见》公布，这是2004年以来中央连续第六年制定指导“三农”工作的“一号文件”，足见党和国家对稳定农业的决心和力度。刚刚到来的牛年，可能是新世纪以来我国经济发展最为困难的一年，也是巩固发展农业农村好形势极为重要的一年。国际金融危机持续蔓延，世界经济增长明显减速，对我国经济的负面影响日益加深，对农业农村发展的冲击不断显现，保持粮食稳定发展的任务更加繁重。然而，越是面临困难，我们越要重视农业，越要夯实农业的基础。水利是农业的命脉，以水资源的可持续利用支持经济社会的可持续发展，推进民生水利，是我们水利工作者义不容辞的神圣职责。

成立于2007年的黄河防汛抗旱总指挥部，一方面面临着来自宁蒙、山东河段的防凌压力，一方面今年黄河流域来水又持续偏枯、小浪底水库蓄水不足，怎样科学调度极其有限的水资源，支援流域省区抗旱浇麦，又要确保黄河防凌安全，确保不断流，这是对新职能下黄河防总统筹调度能力的全新考验，也是对流域省区、枢纽单位严格执行调令、团结一心抗旱保苗的考量。让我们按照国家防总北方冬麦主产区抗旱异地会商会的精神和国务院领导的批示要求，进一步认清当前形势，充分估计困难，抓住有限时机，优化抗旱调度，让极其宝贵的黄河水发挥最大效用，夺取这场黄河流域抗旱攻坚战的全面胜利！

力抵肆虐旱魔　水利拯救民生
——黄河流域应急抗旱大扫描

黄河报·黄河网2月8日(记者　徐清华　刘湍康)　秋冬连旱，冬春连旱，“三旱叠加”威胁着中国北方冬麦产区的粮食安全，一场阻击旱魔、虎口夺粮的罕见战役在黄河中下游展开……

旱！旱！旱！
旱魔肆虐，流域预警升至最高级

2月6日8时，黄河防汛抗旱总指挥部发布黄河流域干旱红色预警，启动一级响应。

这是1月6日以来，黄河防总在一个月时间之内，将黄河流域区域干旱警示由最初的蓝色预警先后提升至黄色、橙色，直至最高等级的红色，响应机制由四级响应提升至一级响应。这是自2007年新的黄河防汛抗旱总指挥部成立以来的第一次，也是黄河流域抗旱史上前所未有的。

旱情肆虐，干渴蔓延。据国家气象局网站消息，截至目前，由降水异常偏少和平均气温较常年同期偏高导致的气象干旱已波及中国12个省份，河北南部、山西东南部、河南西南部等地一度达到特旱。总体上看，北方冬麦区降水量之少为30年一遇，特旱区达50年一遇。持续干旱已对当地冬小麦造成较大影响。

来自黄河防汛抗旱总指挥部的黄河抗旱动态显示，去年10月中旬以来，黄河流域干旱少雨，其中甘肃、陕西、山西、河南、山东等省降水不足15毫米，流域及供水区发生大面积干旱。截至2月5日，甘肃、陕西、山西、河南、山东五省受旱面积已达1.13亿亩，重旱面积1421万亩，其中河南、山西省农作物枯死面积分别达65万亩和52万亩，部分省(区)已出现临时人畜饮水困难。

旱情蔓延速度之快惊人，黄河流域版图上龟裂出一张张饥渴的面孔：

——甘肃。去冬以来，普遍干旱少雨，气温偏高。降水量较常年偏少二至九成，大部分地区气温较常年偏高0.3~1.5℃。目前全省越冬作物受旱面积655万亩，重旱287万亩。其中，冬小麦受旱面积556.8万亩，占播种面积60%。河东地区35万人、37万头牲畜出现饮水困难。

——陕西。2008年11月份以来，没有出现一次有效降水，大部分地区降水偏少九成以上。截至1月31日，全省农作物受旱面积1149万亩，其中重旱204万亩，6.2万人和2.6万头大牲畜出现临时饮水困难。

——山西。2008年10月中旬以来，降雨稀少，较常年同期偏少五成以上，土壤失墒严重，旱情持续发展，出现全省性干旱。目前，全省受旱面积达3274万亩，其中农作物受旱面积818万亩，占播种面积的78%，重旱面积230万亩，白地缺墒面积2456万亩。

——河南。2008年10月24日以来，已连续105天无有效降雨，较往年同期偏少79%，为1956年以来同期降雨量最少年份。小麦受旱面积已达4150万亩，其中严重受旱面积700万亩，50万亩出现麦苗枯死现象，全省遭受了自1951年以来的最严重旱情。

——山东。2008年10月份以来，降雨稀少，平均降水36毫米，较历年同期偏少51%，今年1月份全省降水仅1毫米，较历年同期偏少88%，滨州、菏泽等沿黄地区基本无有效降水。目前全省受旱面积2030万亩，沿黄地区受旱面积1155万亩。

在此情势下，黄河流域有关省(区)干旱预警频发，不断升级：

河南省防指1月6日发布干旱黄色预警，2月1日升级为橙色预警；

陕西省防指1月15日发布干旱黄色预警，2月3日升级为橙色预警；

山西省防指1月17日发布干旱黄色预警，2月3日升级为橙色预警；

山东省防指2月5日发布干旱橙色预警。

作为流域防汛抗旱部门，黄河防总应势而为，积极行动，根据《黄河流域抗旱预案(试行)》，2009年1月6日，发布了黄河流域区域干旱蓝色预警，启动Ⅳ级响应；1月11日发布黄色预警，启动Ⅲ级响应；2月3日发布橙色预警，启动Ⅱ级响应；2月6日发布红色预警，启动Ⅰ级响应。

快！快！快！
统筹水源，应急调度全面展开

2007年6月4日，黄河防汛抗旱总指挥部在水利部黄河水利委员会所在地郑州揭牌成立。与以往的黄河防总相比，新防总增加了抗旱职能，指挥部成员单位也由原来的晋陕豫鲁四省和济南军区，扩大到流域8个省(自治区)和济南、兰州、北京3大军区。

2008年6月3日，黄河防汛抗旱总指挥部颁布《黄河流域抗旱预案(试行)》，这是我国迄今为止第一套流域抗旱预案。

2009年的春天尚未到来，黄河两岸已是旱声四起。这些地区是我国冬麦主产区，持续发展的严重旱情，使我国夏粮生产面临着多年少有的严峻挑战。同时，这对新的黄河防总也是一个重大考验。

在《黄河流域抗旱预案(试行)》中，黄河防汛抗旱总指挥部的职能是贯彻落实国家有关抗旱工作的方针政策和法律法规；组织拟订黄河流域防汛抗旱相关规章制度，并监督实施；组织、协调、监督、指导黄河流域的抗旱工作，重点会同有关省(区)和水库管理单位加强黄河干流及重要跨省(区)支流河道、水库等重大工程和非工程措施的抗旱管理；按照规定和授权负责对黄河流域重要的水利、水电工程、涵闸等实施抗旱调度；协调解决黄河干流及跨省(区)支流涉及重大抗旱工作的水事纠纷；掌握黄河流域重要旱情和灾情，组织流域旱情紧急情况下的会商会议；提出黄河流域抗旱决策部署和调度意见，指导、协调、监督黄河流域抗旱减灾工作，以及承办国家防总交办的各类事项。

黄河水利委员会的职责是，编制黄河水量调度计划、调度方案和实时调度指令，并组织实施和监督检查；全面掌握旱情信息，发布黄河流域旱情预警信息；指导省(区)抗旱工作；向水利部和黄河防汛抗旱总指挥部报告旱情动态，并提供参谋意见。

黄河流域2008年即出现了不同程度的秋冬连旱，黄委相关部门密切关注沿黄地区旱情发展动态。在旱情造成的危害日显之际，黄河防总紧急会商，根据《黄河流域抗旱预案(试行)》，于1月6日发布了黄河流域区域干旱蓝色预警，启动四级响应，这是首次启动黄河流域干旱预警。

此后，黄河防总紧盯旱情态势，坚持防凌和抗旱两手抓，全力支持地方抗旱浇麦工作，上下联动，六大措施合力抗旱，竭尽全力在此次流域大旱面前不辱使命，有所作为。

——宏观指导。积极贯彻落实回良玉副总理和陈雷部长关于抓好当前抗旱和春灌工作的指示，以黄河防总名义先后下发了《关于加强水库调度管理的通知》和《关于切实做好流域抗旱工作的通知》，要求沿黄省区防指、有关水利枢纽管理单位及河务部门严格执行《黄河流域抗旱预案(试行)》，切实加强抗旱工作措施，严格水库调度管理，做好旱情信息报送。

为加强引水和用水技术指导，先后发出了《关于加强抗旱浇麦用水管理的通知》和《关于河南沿黄地区抗旱用水的意见》，要求下游相关地区加强用水计划管理和实时调度，严格按照批复计划引水，并采取开挖引渠、渠道清淤等综合措施提高引水能力。1月6日开始，黄河防总办公室、水调局实行24小时值班，加强调度值班，确保联络畅通。2月6日，黄河防总开通短信向相关方面每天通报旱情。

——联动机制。当前，黄河防总面临着防凌和抗旱的双重任务。为加强抗旱会商，黄河防总常务副总指挥、黄委主任李国英1月10日、2月1日、2月3日、2月5日先后主持召开黄河防总抗旱会商会议，部署黄河流域抗旱工作，要求黄河防总各部门高度关注旱情的发展态势和凌情动态，形成联动机制，积极支援沿黄省区的抗旱工作。2月5日下午国家防总抗旱异地会商会议一结束，黄河防总即召开抗旱会议，安排落实国家防总有关部署的各项工作措施，根据目前日益发展的旱情和对未来一个时期天气形势的分析，决定自2月6日起发布流域干旱红色预警，启动Ⅰ级响应；同时按最坏的打算作长期抗旱准备，提前做好相应干流水库调度预案；进一步强化抗旱防凌两手抓指导思想。

——应急监测。黄河防总利用水量调度综合监视系统，加强与沿黄省(区)防指沟通联系，及时收集旱情信息，掌握旱情动态，分析流域旱情发展趋势，为做好抗旱工作奠定基础。密切关注水库蓄水和河道水情，水文部门加测加报黄河下游重点水文站水情，做好气象预报。

——订单管理。当前，黄河防总要求河南、山东两省科学制定用水计划，采用订单供水，强化用水计划管理，及时调增抗旱用水指标，也确保有限水资源调度的有序有效。黄河防总根据旱情发展，将河南省2009年1月份用水指标由原计划0.95亿立方米增加至1.62亿立方米；将山东省1月份用水指标由原计划2.28亿立方米增加至2.70亿立方米。

——实时调度。根据最新旱情、凌情、水情和引水等情况，做好小浪底水库的实时调度。1月6日发布蓝色预警后，调度小浪底水库泄流由290立方米每秒增大至350立方米每秒；1月11日发布黄色预警后，进一步增大至500立方米每秒，1月30日进一步增加至550立方米每秒；2月3日发布橙色预警后，小浪底水库泄流再增加至600立方米每秒；2月6日发布红色预警后，小浪底水库泄流再增加至700立方米每秒，有力地支持了河南、山东抗旱用水。

同时，黄委水调部门启动了小浪底以下河段枯水调度模型，跟踪演算黄河下游需水情况，实行五日订单每天滚动分析、每日批复制度，强化实时调度和精细调度。

——现场督导。1月下旬以来，黄河防总先后派出三个抗旱工作组赴下游沿黄灌区，了解旱情和涵闸引水情况，督促渠道清淤和按计划引水。2月2日又派出三个工作组，分别到黄河下游北岸、南岸和黄河上中游进行抗旱督导，并于2月5日发出明传电报，要求进一步加大引黄涵闸清淤力度提高引水能力。2月5日，黄河防总常务副总指挥、黄委主任李国英带领工作组深入河南沿黄灌区调研抗旱工作。2月6日，李国英随国务院抗旱检查组到河南省开封、商丘等地调研引黄灌区引水灌溉情况，听取并征求了引黄灌区干部群众对黄河泄流情况的要求和意见。

急事难事看担当。通过黄河防总上下的共同努力，截至2月5日，河南、山东两省引黄灌区引水流量已达441立方米每秒，已累计完成抗旱灌溉面积460万亩。其中，河南已浇灌干旱麦田275.2万亩，完成灌溉任务40%，黄河下游引黄灌区抗旱工作取得初步成效。

河南省加大引黄涵闸清淤力度，引水能力显著提高，加之小浪底水库加大下泄流量，涵闸引水流量大幅度增加，由前期的不足30立方米每秒增加至2月5日192立方米每秒。2008年11月至2009年1月，河南累计抗旱引水3.16亿立方米，较上一年度同期多2.12亿立方米，为1999年以来同期最大。

难！难！难！
兼顾防凌，还要着眼抗长旱

——难在旱势不减。根据气象部门最新气象预报，预计未来10天，黄河流域气温将继续偏高，较常年同期偏高1~2℃，大部分地区仍无明显降水，旱情将继续发展。黄河中下游引黄灌区即将进入冬小麦返青水灌溉和春播用水高峰，用水需求将进一步加大。因此，黄河防总有关负责人提醒，要树立抗大旱、抗长旱的思想意识，越是旱情紧急，越是要讲求高效用水、精细化管理，当前有限的水资源必须节约利用、高效利用，以确保可持续发展之需。

——难在水量苦短。由于流域降水偏少，黄河部分较大支流来水显著偏小。2008年11月至2009年1月，黄河第一大支流渭河入黄控制站华县入黄水量5.96亿立方米，较多年同期均值偏少33%；伊洛河入黄控制站黑石关入黄水量1.05亿立方米，较多年同期均值偏少77%；沁河入黄控制站武陟入黄水量0.35亿立方米，较多年同期偏少75%。

而据当前黄河骨干水库蓄水来看，比往年明显偏少。截至2月1日，龙羊峡、刘家峡、万家寨、三门峡、小浪底五大水库合计可调节水量为146.5亿立方米，较去年同期少34.5亿立方米。小浪底水库可调节水量仅有17.8亿立方米，较去年同期少18.2亿立方米，为2004年以来同期最小。陕西、山西相继成为严重干旱区域，使黄河中游小北干流的供水压力骤然增加，而上游龙羊峡、刘家峡因宁蒙凌汛不能泄流，且远水不解近渴。而小北干流若调度引水管理不好，极有可能造成潼关断流！

——难在防凌安全。当前，正值黄河凌汛开河关键时期，黄河防总启动了相应的防凌工作机制，以切实确保防凌安全。小浪底水库的抗旱调度和防凌调度交织在一起，既要尽可能满足下游抗旱用水，又要确保黄河防凌安全。为此，黄河防总防凌部门与抗旱部门充分发挥联动机制作用，在调度重大决策方面一起协商，合理确定水库下泄流量，科学精细调度，既让有限的水资源支援抗旱，又使下游防凌压力消失于无形。

——难在工程缺陷。2月5日，黄河防总常务副总指挥李国英在河南新乡调研抗旱工作时指出，当前要重点解决好引黄抗旱浇麦的两个薄弱环节，一要进一步做好引黄渠系的清淤和开挖工作，提高黄河水资源的利用效率。由于黄河水资源供需矛盾十分尖锐，小浪底水库可调配水量有限，单纯依靠加大水浪底水库下泄流量来提高灌区引黄水量的困难很大。因此，各级地方政府要进一步加大引黄渠系的清淤工作力度，千方百计畅通渠道，提高引水能力，使有限的黄河水资源充分发挥其综合效益。二要重点解决好黄河滩区的抗旱浇麦工作。黄河滩区土质和墒情差，小麦旱情十分严重，要采取强有力的措施，充分利用紧邻黄河的有利条件，迅速掀起抗旱浇麦高潮。

对此，河南省政协委员、河南黄河河务局局长牛玉国提出了加快河南省灌区农田水利基础设施建设，建立抗旱减灾长效机制的建议。他认为应建立政策引导机制，积极争取国家的政策支持、财政支持，充分调动农民用水的积极性，建立多方投入维护工程正常运行的保障机制，做好引黄设施的恢复修建工作，解决好引黄渠首、渠尾淤积问题。

当前旱情似火，黄河流域的抗旱行动也如火如荼，大河上下再次凝聚起共克时艰的力量，接受水与火的考验和历练！

黄河防总再发指令　三库接力支援流域抗旱

小浪底水库下泄流量加大到900立方米每秒为同期三倍

黄河报·黄河网2月8日(记者　于迎涛)　来自黄河防总的最新消息，随着黄河中下游引黄灌区即将进入冬小麦返青水灌溉和春播用水高峰，用水需求将进一步加大。2月8日，黄河防总接连下发指令，自即日20时起，黄河万家寨水库下泄流量加大到450立方米每秒，小浪底水库下泄流量从700立方米每秒增加到900立方米每秒，东平湖水库下泄20立方米每秒的流量，三库接力调水支援流域抗旱。

自1月6日，黄河防总发布流域干旱蓝色预警以来，在保障下游防凌安全的情况下，先后于1月6日、11日、30日，2月3日、6日8日，6次逐步将小浪底水库泄量从290立方米每秒增加至900立方米每秒，同时加大万家寨水库下泄流量，开启东平湖水库陈山口、清河门闸门，全力支援流域抗旱保苗。同时黄委水调部门启动了小浪底以下河段枯水调度模型，跟踪演算黄河下游需水情况，每天滚动分析，强化实时调度。

随着大流量水头不断下泄，到2月8日8时，河南引黄灌区引水流量为216立方米每秒，每天新增抗旱灌溉面积20万亩左右。山东引水流量为298立方米每秒，加上灌区平原水库及地下水，每天增加灌溉面积40万亩以上。

截至2月7日8时，小浪底水库下泄水量达13.9亿立方米，河南、山东引黄灌区共引水6.33亿立方米，浇灌617万亩冬小麦。

黄河防总全力打好抗旱防凌两场硬仗

黄河报·黄河网（记者　于迎涛）2月12日晚，黄河防总常务副总指挥、黄委主任李国英主持召开紧急会商会，要求进一步加大支援流域抗旱和内蒙古河段防凌工作力度，科学调度好黄河干流水库，坚决打好流域抗旱和防凌两场硬仗。

为了打好流域抗旱攻坚战，黄河防总自1月6日发布流域干旱

山东葛店引黄渠首闸开闸放水抗旱浇麦　　郭琦　摄

蓝色预警以来，采取一切有效措施，超前调度加大干流水库下泄流量，先后六次逐步把小浪底水库下泄流量从290立方米每秒加大到900立方米每秒，同时适时调度万家寨、东平湖水库下泄流量，全力支援抗旱保苗。

目前，随着渠道清淤力度的不断加大和大流量水头的下泄，引黄流量和总引水量不断增加，河南、山东引黄灌区的引水流量直线上升，灌溉面积迅速增加。截至2月12日8时，河南引黄流量达到281立方米每秒，日新增灌溉面积25万亩，自1月6日以来，累计引水3.31亿立方米，同期引黄流量、引水量和灌溉面积均创30年来新高；山东引黄流量超过400立方米每秒，日新增灌溉面积40万亩以上；河南、山东引黄灌区灌溉面积已达900万亩。

黄河防总决定，2月12至13日，如黄河下游未能形成有效降雨，视河南、山东引水需求，考虑确保利津断面不断流的要求，将进一步加大小浪底水库下泄流量，支援两省抗旱浇麦。

鉴于目前黄河防凌进入关键期，黄河防总决定自即日起，黄河上游刘家峡水库下泄流量减至300立方米每秒。同时将下发指令，要求内蒙古防指适时拆除黄河浮桥和在建桥梁的附属构筑物，保障冰凌下泄通道畅通；尽快上报分凌区详细运用方案，由黄河防总研究明确其运用时机、运用方式和过程、组织权限。并要求黄河防总办联系组织无人驾驶飞机及早进驻内蒙古河段，对凌情进行实时监测。

为支援山西、陕西省的抗旱工作，同时为内蒙古河段平稳开河创造条件，也为黄河下游抗旱筹措更多的水源，黄河防总将自13日8时起，调度万家寨水库下泄流量由450立方米每秒加大到550立方米每秒。

黄河防总继续强化当前抗旱与水调工作

黄河报·黄河网2月13日(记者　于迎涛)　2月12日晚，黄河防总常务副总指挥、黄委主任李国英主持召开紧急会商会，要求进一步加大支援流域抗旱和内蒙古河段防凌工作力度，科学调度好黄河干流水库，坚决打好流域抗旱和防凌两场硬仗。

为了打好流域抗旱攻坚战，黄河防总自1月6日发布流域干旱蓝色预警以来，采取一切有效措施，超前调度加大干流水库下泄流量，先后六次逐步把小浪底水库下泄流量从290立方米每秒加大到900立方米每秒，同时适时调度万家寨、东平湖水库下泄流量，全力支援抗旱保苗。

目前，随着渠道清淤力度的不断加大和大流量水头的下泄，引黄流量和总引水量不断增加，河南、山东引黄灌区的引水流量直线上升，灌溉面积迅速增加。截至2月12日8时，河南引黄流量达到281立方米每秒，日新增灌溉面积25万亩，自1月6日以来，累计引水3.31亿立方米，同期引黄流量、引水量和灌溉面积均创30年来新高；山东引黄流量超过400立方米每秒，日新增灌溉面积40万亩以上；河南、山东引黄灌区灌溉面积已达900万亩。

黄河防总决定，2月12至13日，如黄河下游未能形成有效降雨，视河南、山东引水需求，考虑确保利津断面不断流的要求，将进一步加大小浪底水库下泄流量，支援两省抗旱浇麦。

鉴于目前黄河防凌进入关键期，黄河防总决定自即日起，黄河上游刘家峡水库下泄流量减至300立方米每秒。同时将下发指令，要求内蒙古防指适时拆除黄河浮桥和在建桥梁的附属构筑物，保障冰凌下泄通道畅通；尽快上报分凌区详细运用方案，由黄河防总研究明确其运用时机、运用方式和过程、组织权限。并要求黄河防总办联系组织无人驾驶飞机及早进驻内蒙古河段，对凌情进行实时监测。

为支援山西、陕西省的抗旱工作，同时为内蒙古河段平稳开河创造条件，也为黄河下游抗旱筹措更多的水源，黄河防总将自13日8时起，调度万家寨水库下泄流量由450立方米每秒加大到550立方米每秒。

黄委水文：精细测报　一切为了抗旱保苗

中国水文信息网3月4日(杨国伟)　当我们再次走在豫鲁引黄灌区时，曾经受干旱肆虐而变黄变枯的麦苗已经返青，放眼望去，一片片绿油油的麦子在迟来的春雨中摇曳，十分惹人喜爱。

“看到麦子返青，旱情缓解，丰收又有了希望，感觉我们的辛苦有了回报，心里头挺美的。”高村水文站站长刘谦高兴地告诉我们。

胸怀大局，反应迅速

今年1月以来，我国北方旱情持续加剧，为助流域抗旱保苗，黄河防总接连发布四次干旱预警，并最终启动一级响应。每次预警发出之时，黄委水文局总是能第一时间响应，第一时间有举措，高质量高规格地支撑了抗旱水量调度。

2月6日8时，黄河防总启动红色预警，8时30分，水文局已对应对一级响应作出布置，并向6个基层局发出应对红色预警加强水文测报的紧急通知，在通知里有这样一段话：“当前，要牢固树立防凌抗旱两手抓，两手都要硬的思想，从最坏处着眼，往最好处努力，切实采取有效措施，狠抓责任落实，确保领导、组织、责任、措施四到位。”短短几行字，体现的不仅是黄委水文局领导果敢的作风，更展现了他们胸怀大局的风采。

通知还对测站测验、报汛、突发事件处理程序进行了切实有效的布置，水文局测验处、信息中心、办公室、六个基层局无一例外采取特事特办、急事急办的原则，迅速作出反应，确保了抗旱信息流转畅通，落实措施具体到位，反馈消息及时有效，以最快的速度为抗旱水调决策提供了准确及时的信息。

在抗旱最紧要的关头，水文局水情、气象、水资源、监测、网络各部门实行24小时值班，密切注意黄河干支流各控制站的水资源信息，对于发生的各类凌情、旱情变化，及时按照相应预案进行处置。关注气象变化，加强预报工作对于抗旱调度决策有着重要的参考价值，面对严峻的特大旱灾，水文局密切监视天气变化，多次举行气象、凌情和径流预报会商，滚动分析、预报黄河凌情和径流情况，为流域抗旱提供了基础信息支撑，起到了黄河侦察兵的作用。

水文资料既是调度决策的第一手资料，也是科研分析的重要支撑。媒体都在说北方大旱，到底旱情级别是什么，具体情况怎么样，迫切需要权威部门站出来说话。黄河防总把这个任务交给了水文局，而且时间紧迫，只有一天多的时间就要出成果。水文局火速成立了由生产、科研骨干组成的力量，对2008年11月以来的降水、径流量、水库蓄水等数值与常年平均值作了比较，在综合各种数据基础上对流域旱情进行了分析评估，为黄河防总及时发布流域旱情，有针对性开展抗旱工作打好了基础。

加测加报，全力支撑抗旱决策

高村站是黄河进入山东的第一个水文站，在历年春灌、引黄济青、引黄济淀工作中发挥着重要作用。从2月6日起，为积极响应黄河流域干旱红色预警，全力以赴帮助当地抗旱保苗，高村水文站开始按每天两段制报汛，密切监视水情变化，为抗旱调水提供第一手资料。

与此同时，黄河干流龙门、潼关、三门峡、小浪底、花园口、夹河滩、孙口、艾山、泺口、利津等10个水文站也启动两段制报汛，由此，一张贯穿豫鲁，绵延黄河上下近千公里的抗旱调水水文测报线编织成功。在抗旱的日日夜夜，这条测报线不间断地向黄委水文局、黄河防总、国家防总传递着最及时准确的水情信息，这些信息通过计算、分析，变成一份份电报和一个个决策，成为沿黄各省抗旱保苗的希望。

“往年，小浪底从3月1日开始实施低水调度。”水文局测验处

小浪底水文站测流　　　　　　　　　　王寅声　摄

王怀柏处长介绍，“今年从抗旱大局出发，从2月上旬就提前进入低水调度期，由于加测加报，测报工作量较往常增加一倍以上。但水文职工以抗旱保苗为大局，克服了春寒料峭等不利天气影响，兢兢业业，恪尽职守，圆满完成水文测报任务，满足了水调抗旱对水情信息的需求。”

据了解，整个抗旱期间，黄河下游各水文站全体职工放弃休息时间，全身心投入抗旱测报。各站均安排技术骨干负责外业测验及水情报汛任务，并对突出点重点分析，以确保测报的质量和精度。2月7日8时，利津水文站流量由前期的平均200立方米每秒左右降至为90立方米每秒。针对此剧烈变化，利津站及时了解了上游水情，分析了水位流量关系，发现虽然近期进入山东水量较多，但由于引水量较大，河段水位下降明显，一直到12日8时，利津站流量一直保持在90立方米左右。

抗旱调度对报汛精度要求极严，为保证精细调度，花园口、夹河滩、高村、孙口4个采用船测的水文站，每2~3天至少实测流量一次，以加密流量测次，加强流量过程控制，保证了报汛精度；同时，河南、山东水文局分别派遣技术骨干赶赴一线指导监测工作。河南水文局还专门编制了一套软件，该软件能链接相关网站，提取流域区间取水水情日报，及时通报花园口、夹河滩两站，有效支援了抗旱水文测报。

为指导一线测报工作，保证监测精度，水文局还派出由牛占副总工带队的检查组，对河南、山东测区各主要水文站测验、报汛工作进行了有针对性的指导，进一步加强了抗旱测报工作。

防凌是当前水文测报核心目标

近期，黄河中下游出现4次降雨过程，明显缓解了流域旱情，山东、河南两省先后解除干旱预警，黄河防总也将干旱等级由红色降为蓝色，并提出工作重点由抗旱转为防凌，宣布进入防凌应急状态。

适应这种变化，水文局再继续服务抗旱工作的同时，将把工作重点转向防凌测报。据水文局信息中心的数据，目前，内蒙古三湖河口至头道拐河段冰下槽蓄增量已超历史最大值，而且槽蓄增量还在增加，防凌形势十分严峻。未来一段时间，水文局将密切关注凌情变化态势，全力做好开河期预报及各类信息的收集、分析工作，并及时对天气、凌情变化进行会商，加强凌情的滚动分析预报，支持防凌调度决策。

从2月28日8时起，巴颜高勒、三湖河口、头道拐水文站适时增加测报频次，实行四段制报汛。而由王健副局长带队的检查组也对宁蒙水文测报安全工作进行了地毯式检查。

随着黄河内蒙古段陆续开河，黄河防凌已进入临战状态，黄河水文人正厉兵秣马，准备迎接新的挑战。

新闻侧记：我的工作就是抗旱

黄河报·黄河网2月13日(蒲飞)　“我的工作就是确保机组安全运行、确保引黄灌溉顺利进行，我的工作就是抗旱”周爱强在嘈杂的引黄水泵前大声地回答着记者的提问，声音中略带些嘶哑。

自从接到提前引水的通知后，周爱强从正月十五开始，在这里已经连续工作三天了，而往常这个时候正是他和家人团聚的日子。

周爱强是陕西渭南市太里湾一级泵站机房的一名代班班长，他每天的工作就是查看机组压力表、听引黄水泵的声音，多年的工作经验让他只听水泵的运转声音，就可以判断机组是否正常运行。

周爱强告诉记者，今年他是自在这里工作以来最早一次上岗了，在往年，3月初他才会这么忙。“太早了”，看着引水口翻滚的黄河水，周爱强无奈地摇了摇头。

去年10月以来，陕西沿黄地区旱情不断加剧，渭南地区连续100多天没有出现有效降雨，造成了15年以来最为严重的旱情，使该地区380万亩农作物受旱。

“往年这里都是3月初为保障春灌用水的需要才开始引黄河水的，今年遇到这样的旱情，为了响应黄河防总的抗旱调令，我们提前近20天就开始引水了。”在渭南市东雷一级站的引黄口，陕西河务局副局长杨忠理指着黄河水告诉记者。

在杨忠理的指引下，记者来到了东雷一级站引黄机组主机运行机房，值班员李建平正在主机运行情况值班表上详细记录着主机运行时供水的压力情况，而这样的工作他每个小时都要做一次。

“我们要求值班员对当班情况做详细的记录，一旦出现异常状况，立即向上级报告。三天前，由于温度回升，这里出现流凌，把7个机组的引黄取水口全部堵死，机组被迫停止取水。”杨忠理说，“得到报告后，经过紧急研究决定，我们又增开其他泵站的引水机组，我们所做的一切工作就是为了确保抗旱保苗工作的顺利进行。”

走出主机运行机房，滚滚黄河水正通过引水管道在记者脚下奔流而去……

第三章 共克旱魃

一场历史罕见的大旱，在2009年子丑相交之际，突袭我国北方8个省(区)，其中5个涉及黄河流域。

一场沿黄两岸抗旱浇麦、虎口夺粮的战役，汇聚起从中央到地方，从黄河到田间的万众力量。

调水、引水、抽水、抗旱，旱区各地把抗旱浇麦保夏粮丰收，作为跨进2009年门槛后的头等大事，全面动员最大限度地降低旱灾损失。

100多个日夜，经过旱区干部群众的全力抗旱灌溉，冬麦区旱情在小麦生长的最后关键期终于趋于缓和，人畜饮水困难得到有效缓解。新生的麦苗，用她那倔强而富有生机的绿意，向辛劳的人们传递着信心与希望。

历史最高引水量从黄河流向豫鲁

只有经历过极度的干渴，才知道水的珍贵。

"要是没有渠里的黄河水,往年遇上今年这种旱天,地里的小麦就没法返青了。"2009年2月11日，看着自家的麦苗喝上了"救命水"，河南省新乡市原阳县葛埠口乡葛庄村村民娄清波的脸上愁云逐散，喜上眉梢。

葛庄村是原阳县韩董庄引黄灌区内的一个普通村庄。像黄河沿岸千千万万个经受大旱煎熬的村子一样，他们对黄河水的感受已经远远超过了其他的河流。

2月2日，山东省阳谷县的陶城铺引黄闸开始提闸放水，汩汩河水流入田间，因久旱而叶色枯黄的麦苗终于喝上了从小浪底水利枢纽一直奔流到这里的黄河水。当地望眼欲穿的农民眼含泪光地说出了心里话："有了黄河水，就有了夏粮丰收的希望。"

自2009年1月6日，黄河防汛抗旱总指挥部发布干旱蓝色预警至3月10日，位于黄河最后一道峡谷的小浪底水库共下泄水量35.3亿立方米，净补水7.4亿立方米，为下游抗旱筹集了宝贵的水源。同期，陕西、山西、河南、山东4省引黄河干流抗旱浇灌水量23.5亿立方米，灌溉面积2460万亩。其中河南省累计抗旱引黄水量7.2亿立方米，完成浇灌面积885万亩；山东省抗旱引黄水量为15.4亿立方米，完成浇灌面积1517万亩。这是30年来黄河下游两省引黄水量从来没达到过的高度。

中游的山西省，自2009年2月2日开启小北干流扬水站提取黄河水，累计取水0.19亿立方米，浇灌受旱面积13.8万亩。陕西省自2月9日开始，累计取引黄河水0.67亿立方米，完成浇灌面积44.6万亩。上游甘肃省也是这次大旱累及的省份，在水资源极为紧缺和面临防凌调度的两难境地下，该省共紧急灌溉48万亩，其中从黄河干流引水浇灌达到了40万亩。在水利部门的大力支持下，甘肃省水利厅与地方各级政府密切配合，合力抗旱，全省共投入抗旱资金4831万元，累计浇灌面积66万亩次，各地通过拉水救济和自救，有效解决了35万人的临时性饮水困难，保障了旱区城乡居民生活用水和社会稳定。

一次严重的干旱，促动的绝不仅仅是应急灌溉面积的扩大。水利部坚持以人为本，统筹城乡生活、生产和生态用水，千方百计增加抗旱水源，切实保障群众生活用水。黄河防总则在防凌关键期、水资源极度匮乏等回旋余地非常狭小的境况下，科学、审慎地加强流域水资源统一调度，先后6次逐步将小浪底水库泄量从290立方米每秒增加至1000立方米每秒；同时加大万家寨水库下泄流量，开启东平湖水库陈山口、清河门闸门，全力支援流域抗旱保苗。

东平湖水注入黄河　　郭琦　摄

黄河防总从上游、从中游历经艰辛调来的水量，几乎全部用于抗旱保农业生产用水。

据黄委水量调度部门的统计，截至3月10日，甘肃、陕西、山西、河南、山东5省合计作物受旱面积减少到2728万亩，其中重旱面积497万亩。5省作物干旱面积较高峰时减少了7906万亩，重旱面积减少了2726万亩。

河南是此次受旱最为严重的省份之一。截至2月23日，河南省引黄灌区共引水8.18亿立方米，浇灌781万亩次，新修防渗渠道5936公里。引黄渠首位于开封的三义寨灌区，共投入资金80万元，开挖引渠800多米，清淤5万立方米，共引水3600万立方米，浇地30万亩；始自郑州黄河边的赵口灌区投入资金25万元，开挖引渠300米，清淤2.1万立方米，清障4.55万平方米，共引水5300万立方米，浇地43万亩。而河南最大灌区的生命线——人民胜利渠，采取多种措施，加大引黄灌溉力度，全灌区投资200万元，

赵口闸闸前清淤　　郭琦　摄

清淤渠道10条，完成土方400万立方米，引水量5900万立方米，灌溉面积28万亩。

此外，在这次几乎涵盖全河南的抗旱战役中，为努力做到旱重地区少减产、旱轻地区保稳产、无旱地区多增产，力争2009年全省夏粮达到600亿斤以上，河南作出了在短时间内抓紧兴建一批应急抗旱工程的重大决策，共投资12.51亿元，其中地方国债资金7亿元，小农水以奖代补资金3亿元，中低产田改造资金1.6亿元，部门预算资金9100万元。按照“急事急办、特事特办”的原则，在缺乏灌溉设施的地方，河南应急建设一批投资省、工期短、见效快的灌溉工程，新增灌溉面积1050万亩。一是在沿黄河灌区新增灌溉面积299万亩，增加补源面积 161万亩。二是在平原井灌区新打配、维修灌溉机电井150699眼，新增灌溉面积650万亩。三是在河、库灌区新增灌溉面积101万亩。

作为黄河下游最后一个省份，山东省引黄灌溉既有有利的一面，也有艰难的一面。有利的一面在于进入山东的黄河水，除了必要的生态冲沙用水之外，可供充分地调度，充分用好每一方水；而不利的局面在于，黄河是该省唯一的客水资源，又处于下游，大旱时节，紧急时刻，有可能远水不解近渴，必须提前预见并倚重黄河水调部门的统一调度，为山东送水，而当全流域大旱袭来之时，山东的引黄水量调用就面临更为困难的局面。

此次大旱面前，山东更多的是立足于自身的挖潜和引黄灌溉制度的创新与严格落实。该省充分考虑不同地区旱灾发展趋势，本着先急后缓的原则，采取自上而下轮流灌溉、兼顾重旱的科学调度措施实施调度。2月中旬以前，供水重点主要集中在菏泽、聊城、德州等地，兼顾下游部分地区重点用户。仅1月份菏泽市就引水1.62亿立方米，占全省1月份总引水量的60%，将黄河水送到了旱情最严重的南五县(定陶、单县、成武、曹县、巨野)。位山闸在2月4日完成引黄入冀任务后，迅速转入聊城市抗旱保苗。

位山闸　　郭琦　摄

随着小浪底下泄流量的加大，2月上旬又全部开启德州市境内的引黄闸，菏泽、聊城、德州等地的引水流量占到了全省总引水流量的85%，上述地区的旱情因为喝上了黄河水得以明显缓解。根据季节变化，山东黄河河务部门及时调整工作重点，从2月下旬开始，供水重点转向相对下游的济南、淄博、滨州、东营等地，压减上游用水，为下游地区送水。为使利津水文站达到一定的入海流量，山东河务局要求沿黄各市每日滚动上报未来5日引水订单、每4小时上报一次重点涵闸闸前水位，水调人员24小时值班，密切关注黄河水情。自2月6日发布干旱预警以来，利津水文站最小流量一直维持在80立方米每秒以上，既为沿黄各市抗旱提供了水源，又维持了河口地区生态的基本稳定。在对河口地区涵闸引水能力和用水需求进行逐一排查和了解的基础上，通过多次压减上游用水，使利津水文站的流量在2月28日下午2时达到了120立方米每秒，3月1日进入东营市的黄河流量达到了200立方米每秒左右，此后利津水文站基本维持在150立方米每秒左右，东营市引水流量达到100立方米每秒左右，其中利津水文站以下引水流量达到60立方米每秒。

很难想象，黄河河口地区在流域遭遇几十年一遇大旱的时候，还能有充足的河水流过，尾闾最后一座城市——东营还能淡定无事，市民甚至对流域大旱浑然不觉。

截至2月底，山东省共引黄河水11.98亿立方米（不含引黄入卫），创下自1958年有引黄水量记载以来的同期最高值，在确保黄河不断流、维持河口地区生态稳定的条件下，使沿黄1465万亩遇旱的小麦及时浇上了保命水、返青水。

由于有效的抗旱措施及几次降雨的影响，持续3个月的黄河流域旱情终于基本缓解。2月19日、26日、27日，山东、河南、陕西三省先后解除干旱预警。3月6日山西省解除了受旱最为严重的晋城市、长治市、临汾市、运城市的干旱橙色预警。3月9日，甘肃省将抗旱应急响应由Ⅱ级降为Ⅳ级。

除了黄河两岸大地逐渐显现的抗旱效果之外，此次几乎涉及全流域的应急抗旱引黄浇灌，还有效补充了地下水，延缓了地下水位的下降速度；同时，由于黄河下游多为沙壤土，极易发生扬沙现象，通过这次引黄浇灌后，沿黄田边地头的生态林、草也得到灌溉，有利于抑止土壤沙化，减少沙尘天气。

新的黄河防总　新的抗旱机制

在这场沿黄民众合力抗灾、成功击退旱魔的战役背后，是一支有力的大手——新成立的黄河防汛抗旱总指挥部及其所形成的有效运筹机制。这种机制虽然是新生的，但其生命力和影响力却在这次流域大抗旱中，得到了展示和验证。这意味着，新的黄河防总，新的防汛抗旱机制，在今后不可预料的防汛抗旱面前，将会承担更多更大的历史使命和时代责任。

黄河水利委员会水调局负责人指出，这次流域旱情及抗旱工作呈现如下特点：一是旱情严重。河南、山东发生特大干旱，陕西、山西、甘肃发生严重干旱；二是干旱持续时间长，干旱范围大。从最初的局部干旱，发展到流域性严重干旱；三是应急抗旱与黄河防凌期重叠，需要在完成抗旱工作的同时，避免发生凌汛灾害；四是应急抗旱供水与下游春灌用水叠加，加上黄河来水和水库蓄水偏少，黄河水量调度形势异常严峻。

这是自2007年黄河防汛抗旱总指挥部成立以来，面临的最新、也是最为严峻的考验。新的黄河防总必须同时实现三个目标：一、满足抗旱引黄用水需求。二、确保黄河防凌安全。三、确保黄河不断流。令人欣喜的是，黄河防总在毫无借鉴经验的情况下，通过统筹抗旱与防凌，科学调度梯级水库，适时把握水库增泄时机，严格控制河道径流，准确预估下游开河时间，迅速反应，科学决策，不辱使命，有效援助和支持了流域抗旱工作。

随着预警组别的提升和流域旱情的发展，黄河抗旱工作也从支持河南省抗旱，扩展到支持流域抗旱，从调度小浪底一库水源，发展为联合调度中下游万家寨、小浪底和东平湖三座水库，举全河之力支援抗旱。黄河防总建立了部门联动机制，水调、防办、水文、河务、水资源保护及办公室等部门和单位按照职能分工，积极行动，密切配合，全力参与流域抗旱保丰收之战中。部门联调机制的建立，保证了黄河抗旱工作协调有序地进行，也最大程度地兼顾了黄河防凌安全、河道不断流和供水安全。

由于封河段流量控制得当，在2月上旬的抗旱攻坚阶段，中游晋陕两省逐步加大抽黄水量，下游抗旱用水也迅速增加。在此情势下，黄河防总举全河水资源之力支援流域抗旱浇麦，既保障人民群众生活用水，兼顾生态用水需求，又实现了下游平稳开河，未出现险情。此后的水库联调，全局统筹，既保障了流域供水安全水源，又确保了黄河不断流。

黄河防总办公室副主任、黄委水资源管理与调度局局长安新代指出，通过这次流域大抗旱，黄河防总认识到，今后必须科学统筹，全盘考虑黄河上、中、下游抗旱应急用水。在保障下游河南、山东用水的同时，及时了解陕西、山西两省用水需求，通过加大万家寨水库泄流保障中游抗旱用水，同时关注上游未来用水形势，及早分析宁夏、内蒙古两区春夏灌用水需求。

同时还要统筹干、支流抗旱用水。在统筹安排干流抗旱用水的同时，要求渭河等重要支流有关省（区）要统筹利用支流水资源，加强辖区内水量调度管理，协调好上、下游用水。统筹灌区上下游抗旱用水。对于跨行政区域灌区，为防止灌区上下游用水不平衡，要求有关省防汛抗旱指挥部加强跨地(市)和跨县引黄灌区配水管理工作，协调各地有序灌溉。统筹当前抗旱与长远供水安全，由于来水偏枯和前期抗旱泄水量大，小浪底水库蓄水不足。

在抗旱水源最为紧张的时刻，黄河防总立足当前，同时着眼于抗大旱、抗长旱的思想，一方面密切跟踪雨、水、旱情和用水需求变化，精细调度水库；另一方面，加强全河水资源统一调度，滚动制定内蒙古河段开河后从上游向下游调水的水量调度方案。发布流域干旱红色预警后，黄河防总强化了旱情、墒情、雨情、水情、凌情的收集与滚动分析。每日除了解有关省旱情变化，还要求委属有关单位实行抗旱信息零报告制度，每天报告灌区累计浇灌面积、未浇灌面积、抗旱用水量、未来5日引水计划等；开通抗旱手机短信，每日向有关各方发送抗旱信息；逐日编发《黄河抗旱动态》；滚动批复下游未来5日引水订单。在黄河网上开设了“黄河防总抗旱专题”，及时向社会发布流域旱情发展、黄河防总及各地采取的抗旱措施等。

从黄河防总发布干旱蓝色预警开始，河南河务局就对引黄涵闸进行检修、抢修，实行24小时值班，实施远程监控管理，保证了抗旱期间引黄工程的正常运行，抗旱期间，沿黄共陆续开启引黄口门38座，所有引黄口门开启至最大程度，多年未用水的于店闸也开闸放水，有力地支持了河南省抗旱浇麦。

为充分挖掘引黄工程的引水能力，河南河务部门积极开展引黄渠道清淤，并自筹资金，进行开挖清淤，同时强化实时调度，调配指标，使引黄工程发挥最大引水能力，日引水流量由最初的30立方米每秒，增至最高302.47立方米每秒。其中张菜园、赵口、柳园口、黑岗口、祥符朱、石头庄、渠村等涵闸日引水量均创近年来新高。

为有效扩大灌溉面积，河南河务部门积极实施跨区供水，通过红旗、赵口、渠村等闸门远距离送水，多年未用上黄河水的滑县、内黄、周口、许昌、杞县、睢县、民权等地用上了黄河水。共计浇灌面积885万亩(含滩区110万亩)，所有中度以上干旱面积均浇灌一遍，比2008年第一轮春灌浇灌面积多一倍以上。补源面积342万亩，是往年补源面积的一倍。

黄河流域大抗旱，除了实际的抗旱效果，抗旱机制的有效应用之外，更为重要的是，抗旱给了我们更多思考的空间，督促职能部门从思想上进一步树立了长期抗旱意识，积累了应对应急抗旱的工作经验，这对今后的流域抗旱工作具有重大指导意义。

河南省水利厅参与此次抗旱工作的负责同志提出，大旱让人们警醒了很多被忽视的问题，如紧急情况之下，如何指导群众及时集雨入窖，加强人饮工程运行管理，妥善解决突发的人饮困难问题。同时还要进一步完善抗旱预案，编制全省抗旱规划，合理划分干旱等级，完善城镇和农村集中居住地及严重缺水地抗旱饮水后备水源。从长远考虑，必须进一步加大农田水利基础设施建设投入，加快灌区续建配套和节水改造力度，做好应急抗旱备用水源工程及其配套设施的建设，搞好应急水源储备。加强对抗旱服务组织的扶持和引导，增加投入，加强管理，完善网络，不断提高抗旱能力和服务水平。

山西省水利厅厅长潘军峰在接受采访时指出，每一次水旱灾害都是对我们以往治水思路的检阅，经过此次大旱，对照科学发展观，我们更加坚定了按照可持续发展治水思路推进兴水战略的信心。一是要坚定不移地推进兴水战略，加快各项工程建设进度，力争“十一五”末建成一批应急水源工程，增加抗旱水源，全面提升全省的水资源保障水平，提高水资源的调控和配置能力。二是要坚持以人为本，按照“先生活、后生产”的原则，统筹解决好临时性人畜饮水困难和农业灌溉用水，尽最大努力保障经济社会平稳较快发展和社会稳定。三是要从被动抗旱向主动抗旱转变，立足当前、着眼长远，做好抗大旱、抗长旱的准备，编制抗旱预案，在抓好抗旱工程措施的同时，完善和配套相应的非工程措施，稳步推进节水型社会建设，加强岩溶大泉的保护，加大节水灌溉的推广力度，运用经济、法律、科技等手段，及早做好防旱的各项准备工作，最大限度地减轻干旱对整个经济社会以及生态环境造成的损失和影响。

黄河防总则在抓好抗旱供水保障的同时，还着眼长远，滚动核算前期用水，分析历史同期用水、水库运用情况，动态预估后期用水、来水和水库蓄水形势，编制了后期调度预案，以保障流域长远供水安全。

在抗旱与防凌交错的2009年初，黄河防汛抗旱总指挥部按照国家防汛抗旱总指挥部、水利部的统一部署，快速应对，科学调度，统筹黄河上中下游的全部水量，强化信息支撑，科学指导抗旱，优化配置有限的水资源，让华北大地重新找回了绿色，让农民心中重新燃起了丰收的希望。

黄河流域抗旱史将记住2009年的这次大旱，以及大旱下的故事，因为，它为我们指引了未来。

新闻链接：

河南省政府发出紧急通知
要求切实做好当前抗旱浇麦工作

新华网河南频道2月2日讯（记者　董学彦）持续发展的旱情使我省抗旱保苗的形势日益严峻。近日，省政府发出紧急通知，要求各地切实做好当前的抗旱浇麦工作，扎实开展春季麦田管理，为今年我省夏粮有一个较好收成创造条件。

通知指出，全省近来遭受了新中国成立以来特大旱情，麦田旱情持续发展，受旱面积之大，时间之长，程度之重，为新中国成立以来所少有。全省上下必须站在国家粮食安全的高度，站在河南经济社会发展和社会大局稳定的高度，紧紧抓住抗旱保苗夺丰收这一重大而紧迫的任务，充分认识当前旱情的严峻性，进一步增强抓好抗旱浇麦、再夺丰产丰收的责任感和紧迫感，坚决克服靠天等雨的思想，立足抗大旱、抗长旱，坚持抢季节、抢时间，抓住开春的关键时期，力争尽早尽快把全省受旱麦田普浇一遍，把干旱造成的影响降到最低程度，进一步打好夺取夏粮丰收的基础。

通知强调，各级政府、各有关部门要高度重视当前的抗旱保苗工作，采取得力措施，出实招、鼓实劲、干实事，千方百计推进抗旱浇麦进度，切实组织好辖区内的抗旱浇麦工作。各地要以抗旱浇麦为重点，结合春季麦田管理，认真落实中耕、追肥、防虫防病、除草等各种科学管理措施，全力确保麦苗茁壮生长。

通知要求，各级政府、各有关部门要切实加强对抗旱浇麦工作的组织领导，认真做好各项服务工作。各级政府要把抗旱浇麦作为当前一项事关全局的大事、急事切实抓紧抓好，抓细抓实，一抓到底，抓出成效，为确保各项管理措施的落实提供有力的组织保证。要继续落实抗旱浇麦工作责任制，一级抓一级，分片包干，层层抓落实。各有关部门要发扬连续作战精神，进一步加强协调、密切配合、加强指导、搞好服务。要加强技术服务和督导工作，强化值班和带班制度，确保抗旱浇麦信息畅通，为全省打赢抗旱浇麦夺丰收这场硬仗做出新的更大的贡献。

山东：节水灌溉取代大水漫灌

新华网北京2月4日电（新华社“新华视点”记者） 春节刚过，山东省德州市陵县安德街道办事处前刘村的麦田里，一条条白色塑料“长龙”吐着水柱，涓涓细流滋润着吐绿的麦苗。村民张书林说：“过去用水井浇地要用两三个小时，眼下采用‘小白龙’，个把小时就行了。”他还说，今年麦田干旱，得抓紧浇水。浇上了水，今年还能丰收。

“小白龙”是一种塑料软管，耐折、耐晒，便于移动。灌溉浇水时，一头接在水泵出水管上，再通过这种白色软管导水入田，并视灌溉情况可随时移动。这种灌溉方式虽“土”，却有效解决了水在灌溉“途中”的渗透耗费，改变了过去大水漫灌的传统浇灌习惯，节水近40%。

山东今年以来降水只有1毫米，比历年同期偏少了近九成，全省农田受旱面积已达2030万亩，重旱1000万亩，潍坊、临沂、德州、聊城等地受旱面积都在200万亩以上。为此，全省已投入近4亿元，兴建各类抗旱水源工程2600多处，新打机井5万多眼，临时解决了10万人、7万头大牲畜的饮水困难。

长长的管道伸向麦田　　张再厚　摄

随着旱情进一步发展，山东已把确保城乡居民生活用水安全放在抗旱工作的首位。供水紧缺城市正在着力强化用水管理，通过扩建水源工程、启用城市备用水源和加强计划用水等措施，保证城市居民生活用水。农村用水紧张地区千方百计增加抗旱水源，加紧修建一批应急水源工程，必要时组织社会力量拉水、送水，确保群众基本生活用水。

山西、陕西：全力打好抗旱浇麦攻坚战

黄河报·黄河网2月12日（欧阳新华　胡玉荣）　近日，记者从黄河防总获悉，随着流域旱情发展，山西、陕西两省抗旱形势仍十分严峻，黄河防总及两省各级部门正克服多种困难，千方百计加大引黄力度，确保两省沿黄灌区抗旱用水。

自去年10月份以来，山西、陕西沿黄地区旱情日渐加剧。陕西省渭南市连续无降雨日达100多天，出现了近15年以来的最严重旱情，导致该市380万亩农作物受旱，其中，严重受旱面积达117万亩，预留春播地缺墒面积达120万亩。山西省运城市自去年11月中旬至今无有效降雨，创该市1970年以来同期降水最低值，造成该市324.5万亩农作物受旱，其中小麦受旱面积达275万亩，7.87万人、1.81万头大牲畜出现临时饮水困难。

为应对严重的旱情，山西、陕西两省黄河干流引黄灌区较往年同期提前近一周开始春灌。2月6日，黄河山西段回龙、元上、杨范、夹马口四处扬水工程开始引水，合计提水流量为2.6立方米每秒。黄河陕西段港口抽黄灌溉工程于2月8日18时开机，东雷二期抽黄工程于2月9日9时开机，合计取水流量17立方米每秒，此外，尊村引黄灌溉工程也将于近期开始引水。

受自然降水和人工增雨的共同作用，2月7日至8日，渭南市及运城市普降小到中雨，其中渭南市降雨量在4.2毫米至10.4毫米之间，运城市平均降雨量达13.5毫米。此次降雨过程对旱情具有一定的缓解作用，但由于旱情严重，两市抗旱形势仍十分严峻。

此外，由于黄河小北干流段属于游荡性河道，使得引黄取水口脱流，造成引水困难，尤其是山西一侧，引水需求无法得到充分满足；同时，当前黄河正处于开河期，流凌现象普遍，大量冰块堵塞闸前，对引黄工程正常引水造成一定困难；加之两省引黄灌区均属高扬程电力提灌，供水成本普遍较高。

鉴于目前抗旱工作中存在的困难，为支援山西、陕西沿黄地区的抗旱工作，2月8日，黄河防总调度万家寨水库泄量加大至450立方米每秒，并加强现场督导，派出了抗旱工作组分赴两市了解旱情及引黄灌溉情况。与此同时，山西、陕西黄河河务局及时向各取水单位通报上游来水、河势变化等信息，为地方抗旱引黄取水当好参谋。两省人民政府同样积极采取多种措施，紧急动员沿黄各级政府开展引渠疏通清淤工作，不断加大引黄灌溉力度，并实行水费让利于民，提高农民抗旱积极性，以确保沿黄灌区能够用上黄河水、用足黄河水。

甘肃省召开全省抗旱春耕生产电视电话会议

中国水利网站2月8日讯（记者　汪栋）2月6日下午，甘肃省政府召开全省抗旱春耕生产电视电话会议，安排部署以抗旱为中心的春耕生产工作。副省长泽巴足在会上强调，要认真贯彻落实中央精神和省委、省政府决策，打好抗旱这场硬仗，为夺取今年夏季粮油生产和全年农业丰收奠定基础，确保粮食安全。

省长助理夏红民主持会议并讲话。省水利厅副厅长魏宝君做会议发言。

泽巴足指出，当前，我省抗旱春耕生产面临严峻形势，干旱呈现持续发展态势，农产品价格下行，直接影响春耕生产投入，去秋小麦条锈病给今年小麦生产构成一定影响，粮食生产发展的难度加大。各地各有关部门要认清形势，把握机遇，切实增强抓好春季农业生产的责任感和紧迫感，牢固树立抗大旱、防大灾的思想，投入到当前抗旱春耕生产工作中，巩固和发展我省农业农村经济好形势。

泽巴足强调，要突出重点，狠抓落实，全力以赴抓好抗旱春耕生产各项工作。切实抓好春季农作物田间管理；抓好以抗旱为中心的春耕备耕生产，做好农资供应和市场监管，及早调整作物布局，做好农机作业准备；抓好以全膜双垄沟播技术推广为主的旱作农业；抓好以春灌为主的农田水利基本建设；抓好农民培训、森林草原防火、动物防疫等工作。各地各部门要明确责任，为全省抗旱春耕生产提供良好服务，农业、财政、水利、气象、电力等部门要密切配合，形成抗旱合力；省上近日将下拨1600万元补助经费用于抗旱春耕生产，各地要管好、用好抗旱救灾经费；各级领导要深入一线，各有关部门要组织专家进村入户，加强服务指导，搞好抗灾救灾和春耕生产。

6亿立方米黄河水滋润豫鲁旱区

人民日报2月9日电（赵永平） 记者从黄河防总获悉，随着黄河中下游引黄灌区即将进入冬小麦返青水灌溉和春播用水高峰，2月8日16时，黄河防总接连下发指令，黄河万家寨水库下泄流量加大到450立方米每秒，小浪底水库下泄流量从700立方米每秒增加到900立方米每秒，东平湖水库下泄20立方米每秒的流量，三库接力调水支援流域抗旱保苗。

水利部黄河水利委员会主任李国英介绍，自1月6日发布流域干旱预警以来，小浪底水库下泄水量达13.9亿立方米，河南、山东引黄灌区共引水6.33亿立方米，浇灌617万亩冬小麦。

据悉，自黄河流域遭遇多年未遇的大旱以来，黄河防总不断提升预警级别，直至2月6日发布流域干旱红色预警，启动Ⅰ级响应。当前，黄河流域抗旱工作已进入攻坚克难的关键时期，先后6次逐步将小浪底水库泄量从290立方米每秒增加至900立方米每秒，同时加大万家寨水库下泄流量，开启东平湖水库陈山口、清河门闸门，全力支援流域抗旱保苗。同时黄委水调部门启动了小浪底以下河段枯水调度模型，跟踪演算黄河下游需水情况，每天滚动分析，强化实时调度和精细调度。

李国英说，由于当前气温回升较快，流域受旱地区尚未形成有效降雨，黄河流域冬小麦抗旱保苗已进入攻坚克难的关键时期。目前，黄河防总所属有关单位和部门均在Ⅰ级响应机制下运行，全力以赴做好黄河水资源的统一调度，为流域抗旱浇麦尽到最大努力。

黄河流域5省作物受旱面积减少1700万亩

新华网郑州2月10日电(张兴军)　黄河水利委员会最新发布的数据显示,由于抗旱灌溉和部分地区降雨的影响,目前黄河流域内五省作物受旱面积较高峰时段减少1700万亩,重旱面积减少765万亩。

记者10日从黄河水利委员会召开的新闻发布会上获悉，截至2月9日，黄河流域甘肃、陕西、山西、河南、山东5省合计受旱面积1亿亩，其中重旱面积2165万亩，干枯面积148万亩。由于旱区抗旱灌溉和部分地区人工增雨及自然降雨的影响，9日流域内5省作物受旱面积较高峰期(2月7日)减少1700万亩，其中重旱面积减少765万亩。

据黄河水调部门有关人员介绍，从1月6日发布黄河干旱预警至2月9日，小浪底水库下泄水量17.73亿立方米，下游抗旱引水

6.51亿立方米，较去年同期多3.32亿立方米，创1999年以来同期最大；豫鲁两省共完成抗旱灌溉面积706万亩。

河南省沿黄灌区，经过不断加大清淤力度和多次增加小浪底水库泄流，涵闸引水流量大幅提高，已由抗旱初期的30立方米每秒增加至2月9日8时的227立方米每秒。目前每日灌溉30万亩以上，已累计灌溉麦田330万亩，完成本轮抗旱计划任务的一半。

山东省沿黄灌区每日引水流量300立方米每秒左右，加上灌区平原水库及地下水，每天增加灌溉面积80万亩左右。目前已累计浇灌380万亩，完成本轮抗旱计划任务的35%。

黄河水利委员会水调局局长安新代表示，2月7日至8日，黄河中下游出现一次降水过程，对旱情有一定缓解作用。但由于前期旱情严重，黄河流域抗旱形势仍然很严峻。黄河防总将继续密切关注流域旱情发展，统筹全河水资源，加强实时调度，全力支持黄河供水区的抗旱工作。

山东受旱面积比高峰降1000万亩

新华社2月13日电(苏万明)　记者从山东省人民政府防汛抗旱指挥部获悉，在降雨、引黄灌溉等的共同作用下，近日来，山东地区旱情得以缓和。截至13日8时，山东受旱农田面积进一步下降至2378万亩，比旱情高峰时下降了1000多万亩；重旱下降至755万亩，比旱情高峰时下降了430多万亩。

12日傍晚至13日凌晨，久旱的山东大地，再次迎来珍贵甘霖。期间，气象部门利用有利的天气条件，实施了人工增雨。统计显示，12日6时至13日6时，山东全省平均降水1.5毫米。其中，在本次旱情较重的淄博、济南、莱芜、泰安等地，降水量达到3

毫米~5毫米，最大降水量出现在淄博市淄川区，达到8.6毫米。气象部门的专家说，降水量达到5毫米~10毫米，对缓解当地旱情就较为有利。

这是山东地区继2月8日、9日出现平均4.8毫米的降水后，再次迎来春雨。不过山东省气象台专家称，近两日，山东出现降水的可能性不太大了。

2月8日20时开始，黄委又将小浪底水库下泄流量从700立方米每秒增加到900立方米每秒，这是黄委第六次加大小浪底水库下泄流量。黄河“大水头”12日8时进入山东高村站，达到675立方米每秒。目前，山东沿黄9市能用黄河水浇灌的小麦面积为2488万亩，山东目前日引黄河水达到3200万立方米左右，日可浇灌小麦50万亩左右。

此外，山东部分地区也在利用井水，实施抗旱保苗。这些因素使山东农田受旱面积近日来逐渐下降。

据山东省水利厅有关人士介绍，山东目前还有一半左右的地区还未春灌，主要集中在潍坊、临沂和半岛地区，因为目前这些地区气温较低，许多农民担心产生冻害。专家说，一般来说，气温稳定保持在5摄氏度以上，才适合春灌。此外，目前，在村村通自来水工程难以覆盖的山丘区和边远高亢区，山东省尚有部分人和大牲畜存在临时性饮水困难。

去年入冬以来至今年2月7日，山东省平均降雨仅14毫米，较历年同期偏少65%，特别是自今年1月份至2月7日，全省平均降雨量仅1毫米，经频率分析，为30年一遇干旱年份。其中鲁西北、鲁北部分地区几乎无有效降雨，德州、聊城、济南、菏泽等地区旱情均超过50年一遇。2月7日旱情发展到高峰时，山东省受旱小麦面积曾达3411万亩，占总种植面积的64%，其中重度干旱面积1192万亩。

从重旱灾到大丰收

——河南迎难而上锁定小麦总产600亿斤目标

《人民日报》2009年6月8日第一版（记者 罗盘）拿起一把麦子，搓出饱满的麦粒，禹州市梁北村党支部书记王建奇感慨不已："想不到今年旱得这么重！更想不到大旱之年还能夺得大丰收！"

中原大地，艳阳高照，麦香遍野，夏收正当时。

5月26日上午，河南省驻马店市驿城区，全国小麦跨区机收启动仪式在此举行，一台台收割机开进金色的麦田。农业部部长孙政才宣布：全国小麦跨区机收启动！河南省省长郭庚茂宣告："近期如果没有突发性大的自然灾害，今年河南小麦总产有望再次突破600亿斤，夏粮生产有望再夺丰收！"

600亿斤，是新中国成立60年来河南省夏粮产量的高点，占全国夏粮总产的1/4强。

大旱情触发大决策

春雨贵如油。可是，去冬今春，老天格外吝啬。河南麦农播下的7900万亩良种冬小麦面临大旱。从2008年10月24日到2009年2月7日，河南持续107天无有效降水，其中97天无一滴降水。土地龟裂，河堰干枯，空气中弥漫着焦燥的气息。1月29日，河南省气象局破天荒发布干旱红色预警。

站在自家的麦地上，延津县小潭乡石堤村56岁的农民王自富急得直想流泪，本该返青的麦苗大片泛黄，脚踏在麦地上，浮土能盖住脚面。旱灾的煎熬，让岗上人刻骨铭心。新密市袁庄乡张家门村地处浅山区，往年家家户户蓄水池能够收集足够的雨水，解决人畜的饮水问题。去年11月后，这些蓄水池就再没收集过雨水。农民地里的油菜叶干得能碾成粉末，小麦大片大片枯黄，一碰火星就冒烟。高峰时，全省浅山岗区有45万人、9万多头大牲畜饮水困难。

河南遭遇自新中国成立以来最为严重的冬春连旱！5000万亩小麦喊渴，数千万农民心焦！

大旱面前，河南紧急行动。

2月1日，春节长假后上班第一天，省委书记徐光春赶赴省防汛抗旱指挥中心，召开抗旱会议，指挥全省抗旱。省长郭庚茂深入基层，了解旱情，指导抗旱。

徐光春的话掷地有声："民以食为天，国无粮不稳。河南是全国第一粮食生产大省，粮食丰收，我们应对国际金融危机就有了坚实的基础；粮食歉收，就会使本来已经困难的经济局面雪上加霜。抗旱这场硬仗只能赢不能输！"

河南省委、省政府决定，举全省之力，用全部智慧，战旱魔，保麦苗，夺高产！2月2日下午，省委、省政府紧急召开全省抗旱浇麦夺丰收电视电话会议，要求动员一切力量，与旱魔抗争，用10天时间把全省小麦普浇一遍！省四大班子领导披挂上阵，分包省辖市，14个督导组分赴全省各地督导抗旱。同时，市包县、县包乡、乡包村、村组包农户，层层落实抗旱责任制。有钱出钱、有人出人、有力出力，干部群众齐上阵，抗大旱、保麦苗成为全省人民共同应对的一场硬仗。

大动员鼓舞大抗旱

河南要与时间赛跑，要与旱魔抗争！

2月6日一大早，河南省烟草专卖局领导带着资金、潜水泵和变压器，匆匆奔赴商丘市的前张村，3口机井通电了，抽出白花花的地下水。与此同时，按照省委、省政府的要求，"百厅包百县抗旱浇麦夺丰收”大行动全面展开。各厅级单位由一名得力副职率领工作组，分赴农村，参与抗旱。他们临行宣誓：旱情不解除，人马不撤回！

省水利部门抽调120多名技术人员，组成45个督导工作组，分赴旱情严重的10多个地市，指导科学灌溉。农业部门抽调近万名农业专家，组成760个指导组，分赴120多个县，指导麦田管理。财政部门加大资金扶持力度，筹集抗旱资金近1亿元，分6批紧急下拨，并首次将潜水泵、喷灌机等15个种类的灌溉机具纳入到农机补贴的范畴。气象部门加强旱情监测工作，组织实施10多个架次飞机增雨作业，累计影响面积约18.1万平方公里。

动员一切力量迎战大旱!黄河防总将小浪底水库下泄流量由390立方米每秒加大到1000立方米每秒，支持河南省抗旱浇麦。河南省电力公司组织10万名电力职工，组成1000支以共产党员为骨干的突击队，投入抗旱浇麦保供电战役，输送100万电力负荷到田间，确保灌溉用电。中石化河南分公司所属的2241座县以下加油站点，均按每升优惠0.2至0.3元的价格供应抗旱柴油。

天不帮忙，人自努力。人民解放军、民兵和党员干部毅然出击，挺进抗旱一线。2月初，河南陆军预备役高炮师师长郑党宽、政委刘林一身穿作战服，分率百余官兵，前往郑州郊县，担水浇苗。济南军区某工兵团200多名官兵携99台工程装备开进黄河封丘段岸边，开挖2300米的抗旱导流渠。经过5天的昼夜作业，黄河水进入新乡市、安阳市等灌区渠系，265万亩小麦开怀畅饮。武警河南省总队紧急抽调1240余名官兵，自购15万元抗旱设备投入抗旱战斗，并自带帐篷、自备干粮，谢绝地方慰问。宁陵县张油坊自然村500多亩旱地岌岌可危，县委书记贾宏宇带领党员干部来到田间，打出6眼机井抽水，为麦田留住了生机。

据统计，在全民抗旱大战中，河南共投入抗旱资金14.68亿元，日最高投入抗旱人数320万人，行动机电井91万眼，投入机动抗旱设备83万台套，机动运水车辆6.2万辆次，累计浇灌面积9514万亩次。

大激战迎来大丰收

3月26日，河南大部旱情解除。旱情虽然解除，夺取丰收仍须努力。河南省委、省政府提出：锁定目标，今年夏粮超600亿斤、全年粮食产量超1000亿斤，以此作为献给新中国成立60周年的一份大礼。

为保丰收，河南加大投入。全省在前期抗旱投入近15亿元的基础上，再投资12.51亿元，在缺乏灌溉条件的地方建设一批应急灌溉工程。4月上旬，沿黄河灌区，2.84亿元投资迅速到位，将沟、河、渠、库蓄水能力增加5亿立方米，新增灌溉面积299万亩；平原井灌区，7.4亿元投资迅速到位，新打、维修灌溉机电井150699眼，新增灌溉面积650万亩；在河、库灌区，2.27亿元的投资迅速到位，将灌溉面积扩大了101万亩！4月27日，全省抗旱夺丰收应急灌溉工程建设任务全部完工，实际新增灌溉面积1239万亩，比计划多出189万亩。这批应急工程，在小麦拔节、灌浆阶段，及时派上了用场。

为保丰收，河南科学指导。全省组织13794名科技人员，分包4.8万个建制村，向农民提供麦田中后期管理技术服务。田运峰是河南省农科院小麦研究中心主任、研究员，他和中心的20多名同事被分派到开封、周口等4个地市，抓关键技术的指导落实工作。他们白天到田间地头面对面指导农民施肥打药，晚上做客当地电视台，普及麦田管理科学知识。西华县按照他们制定的小麦病虫防治方案，组织19支综合服务队，对全县100万亩小麦适时防治。

在河南旱灾最严重的时候，胡锦涛总书记等中央领导对河南抗旱工作作出重要批示，温家宝总理亲临河南检查指导抗旱工作，并在张涧村等地为抗旱的干部群众鼓劲加油。3个多月过去了，当初枯黄萎靡的麦田，如今穗大粒饱，丰收在即。徐光春在许昌调研时，专程来到禹州市郭连乡张涧村地头。村民们围拢过来，村民郭香向徐光春报喜："每亩能收一千一二百斤哩。算下来，平均每亩能比去年增产二三十斤。"徐光春笑了，说："这下总书记、总理和全国人民可以放心了！"

中国小麦看河南。河南是国人的粮仓，粮食产量占全国总产量的1/10，小麦产量占全国产量的1/4，除了要养活本省的近1亿人口，每年还能向省外提供300多亿斤商品粮，对保证国家粮食安全负有重大使命。

河南不负众望、不辱使命，夏粮产量2004年跃上500亿斤台阶后，连年丰收，2008年冲升至612亿斤的历史新高，今年又顽强地守住了600亿斤。河南了不起！

这是一个沉甸甸的丰收。徐光春说，这个丰收，是在战胜了新中国成立以来罕见的冬春连旱后夺得的，来之不易！这个丰收，是在抗击国际金融危机的大背景下争得的，意义重大！

从重旱灾到大丰收，河南为共和国60华诞奉上了一份厚重的大礼！

河南引黄灌溉创30年来纪录
10日内完成重旱区灌溉

搜狐网2月14日（张英）　抗旱关键阶段，昨天从黄河防汛总指挥部传出消息，截至昨天，我省和山东，已经累计引黄河水8.81亿立方米，灌溉面积达到1023万亩。其中，我省引黄水量、灌溉面积均创30年来新高，预计10日内，将完成重旱区的灌溉任务。

豫鲁1023万亩旱田“痛饮”黄河水 。

黄委水资源管理与调度局提供的数字显示，自1月6日发布流域干旱预警以来，黄河防总加大干流水库下泄流量，先后6次逐步把小浪底水库下泄流量，从290立方米每秒加大到900立方米每秒，同时适时调度万家寨、东平湖水库下泄流量，全力支援抗旱保苗。

自1月6日以来，小浪底水库共下泄黄河水17.85亿立方米，截至昨天8时，河南、山东两省合计引黄流量为730立方米每秒，累计引水量为8.81亿立方米，引黄灌溉冬麦1023万亩。

其中，我省引黄流量达到278立方米每秒，日新增灌溉面积25万亩，累计引水量3.64亿立方米，已完成灌溉面积452万亩；我省同期引黄流量、引水量和灌溉面积均创30年来新高，预计10日内将完成重旱区灌溉任务。

河南沿黄灌区加紧抗旱浇麦
12天引水3000万立方米

中原网1月11日讯　自1月11日黄河防总紧急发布黄河流域干旱黄色预警，启动三级响应以来，我省尽最大能力引好用好黄河水，努力扩大沿黄灌区灌溉面积，为河南粮仓夏粮丰收夯实基础。

据悉，河南大中型引黄灌区建有26处，设计灌溉面积2362万亩，有效灌溉面积1280万亩，补源面积893万亩，是河南重要的粮食生产基地，也是河南省最具生产潜力的粮食增产区域。

目前，河南还有12个引黄口门正在加紧进行闸前引水渠道清淤，其他灌区正按照详细的引水方案，采取多种措施，抓住小浪底水库加大下泄流量的有利时机，力争多引水，扩大灌溉面积和补源范围，在引黄灌区掀起抗旱浇麦高潮。

据统计，自2008年10月1日以来，我省各灌区共引黄河水2亿立方米。自今年1月1日以来的12天时间内，河南沿黄累计引水3000万立方米。截至1月12日8时，河南引黄流量达67立方米每秒。

流域抗旱进展迅速
黄河水已浇灌豫鲁两省1023万亩旱田

黄河报·黄河网2月13日(于迎涛)　来自黄河防总的最新统计数字显示，自1月6日发布流域干旱蓝色预警以来，流域抗旱进展迅速。截至2月13日，河南、山东两省已经累计引黄河水8.81亿立方米，灌溉面积达到1023万亩。

据黄委水资源管理与调度局局长安新代介绍，自1月6日发布流域干旱预警以来，黄河防总采取一切有效措施，超前调度，加大干流水库下泄流量，先后6次逐步把小浪底水库下泄流量从290立方米每秒加大到900立方米每秒，同时适时调度万家寨、东平湖水库下泄流量，全力支援抗旱保苗。

目前，随着渠道清淤力度的不断加大和大流量水头的下泄，河南、山东引黄灌区的引水流量直线上升，灌溉面积迅速增加。自1月6日以来，小浪底水库共下泄黄河水17.85亿立方米，2月13日8时，河南、山东两省合计引黄流量为730立方米每秒，累计引水量为8.81亿立方米，引黄灌溉冬麦1023万亩。

其中，河南引黄流量达到278立方米每秒，日新增灌溉面积25万亩，自1月6日以来，累计引水量3.64亿立方米，已完成灌溉面积

452万亩。河南同期引黄流量、引水量和灌溉面积均创30年来新高，预计10日内完成重旱区灌溉任务。山东引黄流量452立方米每秒，日新增灌溉面积40万亩以上，已完成灌溉面积571万亩。

黄河水每天浇麦30万亩 下泄流量再次加大

大河网2月18日(郭富收　祖士保)　当前，河南引黄流量已超过300立方米每秒，为年初以来30立方米每秒流量的10倍。日前，黄河防总决定再次加大小浪底水库下泄流量。

副省长“暗访”沿黄抗旱浇麦

16日上午10时，河南省副省长刘满仓宣布大功灌区引黄渠道竣工通水后，带领河南黄河河务局局长牛玉国、省水利厅副厅长于合群，轻车简从，不发通知，不打招呼，相继到新乡厂门口闸、石头庄闸，濮阳渠村闸、南小堤闸、彭楼闸及沿黄灌区，与涵闸工作人员和沿黄浇麦田的老百姓交谈，询问流量和老百姓浇灌的情况。

牛玉国在汇报时说，当前，河南引黄流量已超过300立方米每秒，为年初以来30立方米每秒流量的10倍，每天2600多万立方米黄河水可满足沿黄灌区30万亩麦田抗旱“解渴”需求。

再次加大两水库下泄流量

昨日，黄河防汛抗旱总指挥部办公室传来消息，河南抗旱引水目前已达到高峰，山东省未来一周将进入抗旱最关键期，引水需求量加大。

黄河防总决定，自2月16日20时起，加大小浪底水库下泄流量至1000立方米每秒，2月17日8时起加大中游万家寨水库下泄流量至600立方米每秒，全力支持沿黄灌区抗旱保苗。

山东沿黄旱情明显改善
黄河水浇灌齐鲁遇旱小麦800余万亩

黄河报·黄河网2月18日（张春利　尹祥国）2月18日，记者从山东河务局抗旱会商会上获悉，截至18日8时，2009年山东省已引黄河水达7.4亿立方米，省内沿黄9市共有835万亩小麦得到了及时灌溉，喝上了“保命水”。目前，该省32座引黄水闸日引水量353立方米每秒，日灌溉面积40万亩左右，旱情得到明显改善，全省引水秩序良好。

去年入冬以来，山东省受旱面积一度高达3400多万亩，沿黄地区受旱面积约1500万亩左右。为支援沿黄地区抗旱保春灌，山东河务局坚持每周召开抗旱会商会议，分析旱情、凌情、水情、水量调度和抗旱形势，指导沿黄各市每日滚动上报未来5日引水订单、最新灌溉面积、科学预筹抗旱供水措施以及每4小时上报一次重点引黄水闸闸前水位。在尽最大能力满足抗旱引水、确保利津站达到一定入海流量的前提下，确定和实施了先上游后下游轮流灌溉、兼顾重旱的科学调度措施。自2月9日起，重点向旱情严重、气温较高的菏泽、聊城等市供水；2月17日起，向德州、济南、滨州、东营等地倾斜。旱情严重的菏泽市，截至2月18日8时，引黄河水达3.2亿立方米，灌溉小麦434万亩，占该市小麦总面积的63%。

同时，自2月2日起，山东河务局专门派出抗旱督导组，深入引黄水闸、田间地头，检查水量调度指令执行情况和引水秩序，并对引黄水闸引水能力进行了普查，督促各地加大引黄渠道清淤力度，提高引水能力，做好跨行政区域引黄灌溉配水管理，指导沿黄群众科学引用黄河水。

此外，为保障引黄供水安全，山东河务局坚持水量调度与供水生产昼夜值班制度，并于春节前对引黄水闸机电设备、高低压线路、测流设备进行了检修维护，重点水闸落实了备用发电机组，确保闸门及时、灵活启闭。为确保引水渠道畅通，该局还利用水位变化冲刷、人工或机械开挖等方式进行了引黄水闸前后清淤。

黄河流域五省(区)受旱面积减少四成以上

黄河报·黄河网2月19日(李晓莹)　2月18日，记者从黄河防总办公室获悉，在积极抗旱和近期弱降水的共同作用下，黄河流域甘肃、陕西、山西、河南、山东五省冬麦区的旱情得以缓解。截至2月17日，5省(区)作物受旱面积为5931万亩，比旱情高峰期减少了4702万亩，受旱面积减少四成以上。

自1月6日发布黄河流域干旱蓝色预警后，截至2月16日，河南累计抗旱用水量4.63亿立方米，完成浇灌面积609万亩(含滩区，下同)；山东抗旱用水量6.69亿立方米，完成浇灌面积831万亩。两省已灌面积合计达到1440万亩。

据中央气象台预报，18~19日、21~22日，黄河流域冬麦区将先后出现两次弱的降水天气过程，对旱情继续缓解是利好消息。

记者了解到，下步黄河防总办公室将认真贯彻落实近期国家防办的指示精神，全面谋划抗旱和水调工作，进一步做好抗旱水源管理调度和抗旱工作的组织领导；整体分析前期来水、水库蓄水、全河用水和抗旱浇灌进展情况，评估后期来水、旱情发展和用水需求，编制应急调度预案，并在实时调度中及时调整。黄河防总同时要求委属单位加强旱情和用水统计，及时了解抗旱浇灌动态和用水需求，继续密切跟踪流域内旱情发展和灌溉用水情况，做好形势分析和判断，加强小浪底水库调度，全面完成抗旱工作。

驻豫部队紧张投入红旗闸开挖清淤战斗

开挖清淤总长2700米，新渠挖通加大引黄水量可满足灌区400万亩农田浇灌

黄河报·黄河网2月9日(欧阳新华)　2月8日上午，在河南省封丘县红旗闸引渠开挖清淤抗旱一线，铁军工兵团和猛虎师高炮团的官兵展开了一场声势浩大的抗旱战斗。几公里长的战线上，

驻豫部队投入清淤战斗　　张再厚　摄

机械轰鸣，口号震天，人车川流不息。

在铁军工兵团的施工现场，几十台挖掘机、装载机沿施工地段一字排开，操作手熟练地操作着这些“金戈铁马”，飞快挖出的土堆成了一座座小山，100余名官兵配合着机械，用铁锹在两边整理着导流渠的边沿，一个个干劲十足。

铁军工兵团团长李华亮在施工现场告诉记者，这是一支刚从苏丹维和回国的铁军，先前在四川抗震救灾的战斗中立下了汗马功劳。此次驰援河南人民抗旱，调遣了200余名精兵强将和99台(辆)先进的机械设备。现场施工已投入40台推(挖)机械，全体参战官兵分组、分段施工。由于施工地段土质疏松，天气不好，在动员大会上，李团长要求所有官兵在保证工程尽快完工的同时，一定要注意安全。他要求官兵做到人歇机不闲，轮流昼夜奋战。目前，部队已完成清淤开挖7000立方米，预计整个工期完成土方量将达14万立方米。

为抢在新渠开挖之前把长1000米的老引水渠及时清淤，集团军下令猛虎师高炮团全体官兵全员投入战斗。6时30分，高炮团团长金宏鹏在动员大会上强调，全体官兵要发扬猛虎精神，一切急人民所急，尽快完成任务，让黄河水早日浇到农民田地。

金团长在清淤现场告诉记者，命令下达后，全体官兵士气高涨，年轻的战士战斗勇敢，表现出了真正的军人风范。目前，该团全体616名官兵都投入到一线，预计一天可清淤4300立方米。

据悉，此次开挖清淤引水渠道共计2700米，新开挖的引水渠长1700米，上宽30米下宽10米，深3.5米。这条新引水渠预计在5天内完成施工。挖通后，新渠将连通河口和老引水渠，届时引水流量将大大增加，可满足400万亩农田的浇灌。

第四章 抗旱之思

入冬以来，华北、黄淮、江淮、江汉等地降水少，我国出现了大范围的气象干旱。冀、晋、豫、鲁、皖、鄂、陕等地部分地区已达重度干旱或特旱。此次旱情持续时间之长、范围之广、灾情之重，气候是主要原因，但旱情给农作物生产带来的影响也暴露了一些问题。

一、抗旱暴露出的问题

1. 流域机构抗旱职责不够明确

长期以来，抗旱工作责任制在我国法律层面上没有明确的界定，导致许多地区对抗旱工作的组织部署缺乏明确的监督检查和责任落实机制。目前，流域机构抗旱职责不够明确和细化，在一定程度上制约了流域管理机构在抗旱工作中发挥的作用。国务院于2009年2月颁布的《中华人民共和国抗旱条例》只在总则中明确：国家确定的重要江河、湖泊的防汛抗旱指挥机构负责协调所辖范围内的抗旱工作，流域管理机构承担流域防汛抗旱指挥机构的具体工作。但在具体条文中很少涉及流域防汛抗旱指挥机构和流域管理机构的抗旱职责。黄河流域干旱灾害频繁，黄河防总及黄委深感抗旱任务之重大，也在积极思考和探索如何履行流域抗旱工作职能。建议国家防汛抗旱总指挥部对流域防汛抗旱指挥机构和流域管理机构在抗旱工作中的职责与任务予以进一步的细化，进一步发挥其在抗旱工作中的作用。

2. 旱情信息掌握困难，应尽快建立规范的旱情信息报送制度

旱情信息是实施抗旱工作的基础。本次抗旱工作伊始，就遇到了信息不畅的问题，在一定程度上制约了抗旱工作的开展。后经有关各方的共同努力，初步建立起了信息报送的制度，但渠道不畅通，信息采集手段落后及信息不及时、不准确等问题依然存在。

目前，急需规范抗旱信息获取渠道和内容，提高抗旱信息的采集手段，建立正常的抗旱信息报送制度。建议国家防汛抗旱总指挥部对流域机构及省(区)上报的旱情信息给予区分，明确流域机构应该采集的旱情信息类别、范围、频次等，并支持尽快建立流域旱情监测、预警及信息管理系统，提高抗旱工作的现代化水平。

3. **流域抗旱减灾基础工作薄弱，应加强基础研究及应急能力建设**

抗旱工作具有较强的技术性。目前，黄河流域抗旱工作基础工作还相当薄弱，很多研究项目都亟待开展，如：黄河流域干旱信息监测预警预报技术研究，黄河流域水库群抗旱减灾调度方法与技术研究，黄河流域地下水抗旱水源合理利用方法和技术研究，以及流域水资源统一管理与干旱管理的关系研究等。同时，流域机构应急能力建设也有待进一步加强，旱灾防范的措施和处理程序还不够完善，实现抗旱工作的科学化和正规化还有很大的难度。希望国家在流域机构抗旱减灾基础研究工作及应急能力建设方面给予支持。

4. **流域机构抗旱工作起步晚，建议给予必要的经费和技术支持**

黄河流域地跨9省(区)，且大多在水旱灾害频发的区域，抗旱工作任务非常重。旱情调查、抗旱检查，以及信息的采取和传输都需要有大量的经费支出。建议增加流域抗旱工作经费，加强流域机构抗旱队伍的培养和建设。

5. **抗旱保障机制需进一步完善**

干旱灾害是我国自然灾害中影响、损失最为严重的灾种之一，但多年来我国抗旱保障体系建设却很不完善。以抗旱减灾投入来说，目前全国31个省、自治区、直辖市和新疆生产建设兵团，只有12个省、自治区、直辖市设立少量抗旱专项资金，总额不足6000万元。这种状况严重不适应抗旱减灾的实际需要。另外，中央和绝大多数地方政府至今都没有建立抗旱物资储备制度，大部分省、自治区、直辖市没有制定抗旱用油、用电及抗旱设备购置的优惠政策。这导致每到抗旱关键时期，重旱区经常发生抗旱机具设备价格暴涨或脱销，抗旱油、电资源短缺，农民抗旱负担加重，贻误抗旱时机。各地在干旱灾害保险、抗旱社会救助等方面的保障措施也基本处于空白状态。

6.**一定程度地忽视农田水利基本建设**

现在的大旱，也让我们客观认识到1960~1978年水利建设上所取得的重大成绩，重新认识到20世纪六七十年代提倡的“水利是农业根本”的正确性。学术界已通过实证研究证实了这一观点，那就是，1965~1978年为我国水利建设的高峰，这些水利设施是确保70年代至80年代中期粮食稳定增长的基本条件。此次旱灾，说明30年来我们把前人留下的老本荒废了不少，也把老本快吃完了。旱灾最终也会过去，但是，旱灾之后，我们还是该好好反省，为了我们的子孙后代，认真对待作为农业根本的水利建设。

在集体经济时期，依靠大规模的劳动动员和积累，中国的农田水利建设取得了巨大成就，并为改革初期农业的高速增长提供了基础。但这一历史遗产到现在已耗用殆尽，水资源的利用问题再度成为制约中国农业发展的关键因素，尤其是已经凸显成为制约粮食生产的首要因素。

史料表明，1957年冬季，农村展开了一项声势浩大的水利运动，这项运动由全国各地无数的小工程组成，很少需要国家的协助或提供资金。至1958年1月，1亿农民的紧张劳动成功地为11700万亩土地提供了灌溉设施。进入人民公社后，通过治理江河、兴建灌区、积极发展灌溉事业，我国有效灌溉面积保持了持续增长，为建设高产稳产田奠定了基础。1957~1978年，有效灌溉面积由41000万亩扩大到67448万亩，增长了64.5%，年均增长2.4%。

农村实行土地家庭承包制后，农田水利灌溉以小农户为主导，集体经济的管水组织不复存在，小农户不再会主动去保护公共的灌溉设施，他们在意的是耕地面积的增减，甚至将原本的田间灌区填平增加耕作面积。

特别是在农村税费改革后，“两工”(义务工和劳动积累工)取消，少见农闲时组织劳动力对农田水利设施进行整修。

造成农田水利基础设施严重滞后的原因是在过去较长一段时间内，国家的水利投资主要集中在大江大河的治理和大中型骨干水利工程的建设上，而具体到许多地方用于抗旱排涝水利工程的投入，还停留在低水平，致使许多农田水利设施年久失修，无法承担特大干旱或排涝风险。而地方政府也难以有作为，重视的地方也只能进行简单的维修养护，“头疼医头，脚疼医脚”。原本主要依靠农民筹资投劳开展的农田水利建设模式受到较大影响。

除了灌区灌溉面积因为维修养护不到位自然萎缩外，还有部分农民是因经济利益原因，对农田灌溉并不十分积极。

7. 科学的农田水利建设体系不到位

与农业综合生产能力直接相关的，完善的抗旱涝灾害的水利设施是否该具体化、明确化，因地制宜，做到有备无患？这一系列问题值得深思。

很多农民都认识不到位、不积极，嫌费钱、费工。一方面是因为农民多是依靠经验耕作，不懂气象，依照当地谚语是“久旱必有雨”来被动等待降雨，另一方面是由于灌溉设施不到位。

而来自河南省防汛抗旱指挥部的数字表明，河南省的农田中，地灌、喷灌、渗灌等节水灌溉面积只占该省耕地面积的20%，绝大多数(约有80%)的地方在农业灌溉上仍采用大水漫灌的方式。水利专家称，河南逾四成的灌溉用水并没有得到科学、有效利用。国家防汛抗旱总指挥部秘书长、水利部副部长鄂竟平在2月10日通报抗旱情况时表示，目前全国灌溉水利用率只有45%，全国一半以上的耕地无水利设施，主要靠天吃饭。

近年来国家加大了对农业灌溉的倾斜力度，虽然达到农村灌溉的标准化程度是逐渐发展的过程，不可能一蹴而就，但是灌区输水渠道是需要从干渠、子渠到斗渠再进入田间地块的配套工程，很多地方在末级渠系上不通。

从农业收成上，灌溉和不灌溉对农作物收成的影响增幅在10%左右，即便是增收了50公斤小麦，收入增长也只在80元左右。农民在进行经济收益比较后，也就没有了灌溉的积极性。随着在外打工收入的增加，农民对几亩地增收带来的经济收益并不是很在意。

二、当前的对策

1. 加快构建抗旱法规体系

抓紧制定相配套的部门规章和规范性文件，进一步完善水法规体系，抓紧组织编制抗旱规划。抗旱规划对组织开展抗旱工作有着重要指导作用；大力推进抗旱指挥决策支持系统建设。完善抗旱指挥决策体系是做好抗旱工作的重要基础。建成集旱情监测预警、分析评估功能于一体的全国抗旱指挥决策支持系统，使抗旱指挥决策的现代化、信息化水平真正上一个新台阶。

2. 国家财政支持

虽然中央决定投入4亿元解决目前的旱灾问题，但这只能是权宜之计，不能从根本上解决问题，必须以国家财政对水利基础设施大幅度增加投入。这就如同修建铁路、公路、机场等公共基础设施一样，因为它事关13亿人民的粮食安全问题。

目前可采取的措施是逐步修复部分早期的水库，恢复其夏(涝)季蓄水、冬(旱)季供水的功能。同时，以乡镇为单位按年度进行财政补贴，用于以村和小组为单位组织农民重新恢复灌溉渠，每年冬季清除各村河道、灌溉渠、水塘的淤泥，加宽加深河道，并用于以村和小组为单位购买抽水机等农机设备。这是20世纪六七十年代村集体一贯的做法，很有效。这样既便于清理河床和改善水质，让河流和水塘加深、多蓄水、蓄新鲜净水，取出的淤泥也可以放到农田肥田，改善农田的土质。这将不仅解决灌溉问题，也能改善农村饮用水质不断恶化的问题、改善水质。

3. 进一步加强农田水利建设，建设科学的农田水利体系

水利是农业的命脉，在旱情调研时专家们发现，大多数灌区水利项目是在三四十年前修建的，标准低、老化失修、配套不全。即便是在粮食主产区河南，很多地方的农业水利基础设施都存在“新的建设不到位，旧的已经废弃”的情况，当面临旱情时，显得十分被动。值得反思的是，若非此次旱情的严重性，当前我国农业水利发展面临的紧迫问题尚不会如此暴露在公众面前。

早在改革开放初期，我国的农田水利基础设施建设就取得过巨大成就，并为当时的农业高速增长奠定了基础。虽然近10年来，国家一直在加大对农田水利建设的投入，各省市也都进行大规模的农田水利基本建设，但在大旱面前，这些水利设施竟都显得如此不堪。

在中国农村基础设施建设中，客观上存在一个优先序，首先应予重视的就是农田水利建设。农村基础设施建设是社会先行资本，不是单纯商业性经济活动，政府应肩负起投入主体的责任，同时农民作为直接的受益者应该成为建设的主体。但在政策上还需要赋予其明确的内涵，需要合理地作出细化政策安排，否则就容易导致投资主体的错位，影响到实际效果。

应该是地方政府和农民组织，中央政府可以给予必要的支持和补贴。而在贫困地区，投资主体必须是中央政府，贫困地区农民不可能有余力兴建基础设施，地方政府则财力薄弱，自然也无法承担投资主体的重任。

让农民通过以工代赈的方式参与水利建设，并从中获得直接的劳动报酬是可行的。“这样等于为农民创造了就业机会，既增加了农民的收入，又以大量的劳动积累改善了农业生产条件，有利于农业综合生产能力的提高，从而也使土地资本升值。

4.**加大对抗旱服务组织的支持力度**

各地要积极研究制定支持抗旱服务组织发展的政策措施，从资金、技术、政策等方面对抗旱服务组织给予扶持，发展和壮大各类抗旱服务组织，增强抗旱应急服务能力。

新闻链接

节水，抗旱中的警钟

黄河报·黄河网2月17日(崔 光　王建忠　盖寿民)　数十年来最严重的旱情无情地吞噬着北方1亿多亩冬小麦……面对旱魔，国家防总宣布启动Ⅰ级抗旱应急响应。上下齐心，八方努力，一场“虎”口夺粮的战斗在中原大地全面打响。但是，面对旱魔，我们切莫淡化节水意识，在抗旱中凸现节水，亦是当务之急。

凸现节水，“急”在水源有限。这是一个不争的事实。我国缺水严重，人均水资源只有世界人均水资源的1/4，而黄河流域则以2%的水量养育着全国12%的人口和15%的耕地。今年小浪底水库可利用水量仅为去年同期一半，更是雪上加霜。况且，连续多年的干旱少雨，使地下水位下降，部分水库干涸，还有无处不在的水源污染，都在一次次向人们敲响“节水”警钟。

凸现节水，“凸”在科学用水。渗灌、滴灌、渠灌，能节水60%；衬砌渠道、整平畦田，能节水30%；人工增雨、抢墒播种、地膜集水、通过培肥土壤提高有机质含量来拦蓄降水，效果十分明显，而工程集水技术在解决人畜饮用上已彰显出良好的前景。前不久，温家宝总理在旱区深入实地考察时指出，要实行科学抗旱，加强对抗旱工作的技术指导和服务，科学浇水、科学施肥、科学管理，大力推进节水灌溉。这无疑切中了抗旱这场战役的要害。温总理及时、具体、审时度势的指示，既是当前抗旱救灾的行动指南，也是旱区人民战胜旱魔的重要法宝。

凸现节水，“凸”在人人提高节水意识。人的意识决定着人的行为。日益短缺的水资源形势，已引起全世界的警觉。没有水，人类将不复存在。有关人士疾呼：“如果再不节约用水，我们现在的年轻人后半辈子就无水可喝了。”“增强节水意识”不能仅在“世界水日”时提起，要像穿衣吃饭一样与我们如影相随，尤其是在这大旱之年。再说，旱灾殃及的不仅仅是农业，“民以食为天”，少打了粮食，人人都会恐慌。因此，节水从自我做起，从小事做起，拧紧我们的水龙头，千方百计做到一水多用，让节水成为一种习惯，上升为一种品格。

抗旱突围：博弈和出路

黄河报·黄河网3月3日（胡少华　刘湍康　吕亚鹏）　旱灾乃自然天象，无关吉凶。但应对旱灾得力，则可以减少损失；抗旱不力，遗祸就大。所谓既要天帮忙，更要人努力。

“活了59年，从来没有见过这么旱的天！”

2月16日，在新乡市封丘县荆宫乡后桑园村，年近花甲的村民温绍葵拄着铁锹，无奈地对记者说。

放眼望去，原本返青的麦田一地枯黄，一缕缕匍匐的灰绿色面对持续的干旱，伶仃而无助。“如果再灌不上水，麦就收不上了”。

在河南洛阳，部分小麦已经干枯，油菜等作物大面积枯黄，少数作物甚至完全枯死。

在山西运城，一位老农抓起一把土壤想看看墒情，结果干燥的土粉从指缝里散漏殆尽。

黄委水文数据统计表明，从2008年11月份到2009年2月的3个多月中，黄河流域大部分地区降水量总计不足10毫米，局部地区

奋战在引黄渠道清淤现场的部队官兵　　张再厚　摄

连续100多天没有形成有效降水，小麦死苗率达到20%以上，受灾较重的甘肃、陕西、山西、河南、山东5省受旱面积达1.1亿亩。

成立于2007年6月的黄河防汛抗旱总指挥部面临巨大挑战。1月6日，黄河防总发布黄河流域区域干旱蓝色预警。2月6日，黄河防总再次提高预警级别，发布黄河流域干旱红色预警，启动一级响应，举全河之力，共克时艰。肩负社会责任的黄河防总郑重承诺：决不让沿黄灌区一亩冬小麦因灌不上黄河水而受旱。

黄河水：救命水！保命水！

引黄灌区管理组织、农户们都向我们传达了一个强烈的信号：黄河水是保证当地农业发展的“命脉”。

面对肆虐的旱情，1月6日至2月16日，黄河防总数次调度万家寨、三门峡、小浪底等骨干水利枢纽，多方筹措水源，鼎力支援流域抗旱浇麦。2月10日下游封冻河段平稳开河后，小浪底下泄流量增至1000立方米每秒。

2月16日，记者在河南封丘曹岗村看到，衬砌的灌渠承载着汩汩的水流涌向麦田，干渠两边的麦田湿漉漉的，发黄的麦尖开始返青，迸发出绿油油的生机。

曹岗村的周凤杰告诉记者，渠里的水是引过来的黄河水，干渠高，基础设施配套齐全，家家户户都是自流灌溉。村里总共有1000多亩地，从8日到10日用了两天半时间浇了一遍。他高兴地说："俺家有3亩多地，一亩地三四十块钱，省钱、省时、省力，黄河水还很肥，浇一遍地能增产两成多！"

众所周知，黄河下游灌区农业生产在很大程度上依赖于黄

黄河水流入灌区　　张再厚　摄

河水的供给条件。大部分引黄灌区分为正常灌区和补源灌区，其中正常灌区灌溉主要为黄河水，补源灌区以抽取地下水灌溉为主，地下水补给依然是黄河水。旱情严重时期，黄河水缓解下游旱情的作用更加凸显。目前，黄河下游河南、山东两省共建成万亩以上引黄灌区98处，总设计灌溉面积5369万亩。

采访中，记者恰逢正在灌区实地调研的黄科院引黄灌溉工程技术研究中心的技术人员。2月9日至17日，该中心技术人员先后赴豫、鲁两省的人民胜利渠、赵口、三义寨、陈垓及位山等5个典型引黄灌区调研旱情。综合各项调查数据，技术人员显得更为自信：黄河水资源在抗旱中的确是“救命水”、“保命水”，在确保粮食安全稳定方面发挥了极其重要的作用。

调研报告显示：在引黄条件较好的地区，小麦基本没有受到旱情的影响，旱灾主要发生在引黄灌区的下游以及无引水条件的地区。在旱灾面前，平时引不上水的地区迫切希望引到黄河水，以缓解当地旱情；在井灌区，由于持续开采地下水进行灌溉，地下水位下降较快，当地管理部门希望尽快利用黄河水补源，防止生态系统遭受破坏。

显然，引黄灌区管理组织、农户们都在传达着一个强烈的信息，那就是引黄灌溉是保证当地农业发展的“命脉”。

易松懈的抗旱弦

与水灾、地震相比，旱灾往往来得没有那么急，一般情况下，不会造成人员伤亡，因此，预防旱灾的重要性容易被忽视。

2月16日，在兰考县城关镇北街村田地里，记者碰见正在引水浇地的村民周刚蛋。地里湿湿的，显然不久前刚浇过。

“黄河水早些天就引过来了，为什么不早些浇?”记者问。

周刚蛋说，农村有句俗语叫“干冬湿年”，一直想着等等会下场雪，结果天不遂人愿。

采访中记者发现，像周刚蛋这样消极等待的农户不在少数。

“农民迟迟不愿浇麦，其实是在算经济账。”河务部门终于揭穿了“谜底”。

陪同采访的开封三义寨闸张处长说，平均灌溉1亩地的成本约15元，按照今年的天气形势，小麦最少需灌溉4次，每亩地需要60元左右。一些地下水位较低的井灌区和提灌区，灌溉成本每亩每次需要80元。而各级财政这方面投入的资金较少，需要群众自筹资金抗旱。由于抗旱成本高，造成收益降低，影响了群众抗旱浇麦的积极性。另外，老百姓存在侥幸心理，想靠天吃饭。把眼前利益看得重，让他们买昂贵的电机、水泵、管子浇地不现实，更不用说还有油费、电费。

现实中，人们往往认为旱灾“不会死人”，可以“捱”。这种侥幸心理使得一些地方抗旱手段单一，投入不足。殊不知“水来一条线，旱灾一大片”。事实上，相对于洪涝灾害，旱灾的影响虽具有一定的滞后性，但其危害同样不容忽视。从长远看，干旱缺水对我国经济社会发展的影响更深远。

干旱问题是政府间气候变化专门委员会（IPCC）所关注的热点之一。2003年11月在美国图森联合召开的干旱气候研讨会曾指出，出于对未来气候的考虑，尤其需要知道过去究竟有哪些时期气候干旱、发生过哪些重大的干旱事件和为什么发生等问题。

谈英武，这位曾担任南水北调西线工程设计的总工程师用“触目惊心”来描述历史上黄河流域的旱灾。他说,黄河流域大部分位于内陆腹地，地处干旱、半干旱地带，几乎每年都有不同程

抽引黄河水 张再厚 摄

度的旱灾发生。陕西、甘肃、宁夏从公元582年至1990年的1409年间，十年九旱，20年一极旱，百年一毁灭性旱灾。1920年，陕、晋、豫、鲁、冀5省大旱，受灾人口2000万人，死亡50万人。1942~1943年大旱，仅河南一省就饿死300多万人。

和防洪相比，抗旱更像一个不受宠的孩子。曾有人作了形象的比喻：父母总是对体弱的孩子偏心，防洪抗旱也是如此。洪水一来，就会对人民生命构成威胁，而旱灾一到，无非是减产而已，挺一挺就能过去。国家财政有限，资金就只能先流向最紧迫的防洪工程。

“旱灾对我国的危胁很严重。从上世纪50年代以来，我国历年农作物受旱面积达2170万公顷，粮食损失158亿公斤。黄河供水区作为干旱半干旱区，占了很大比例。旱灾的形成原因很复杂：一是黄河水资源紧缺，一些年份和时段供给不足。二是一些地区没有水利设施和应急抗旱设施。三是缺乏无旱防旱、小旱防大旱意识，水源管理调度不够科学。”黄委水调局局长安新代道出个中缘由。

沉重的灌溉

在专家们看来，干旱并不一定导致旱灾。关键在于平时是否采取了有效的预防措施。

2月17日，在杞县泥沟乡马集村，冯怀忠老汉双手捧着从远处井里牵过来的长塑料管，费力地向麦田喷水。见记者询问，他扔掉沉重的水管，指着井口不远处搭着简易塑料棚的人力车说：“我昨天晚上就在那儿睡着排队，这不，快中午了，终于轮到我浇了。”当记者问及浇水的情况时，冯老汉指着村头那排杨树林说：“你们看，那是原来的兰杞干渠，要是这个‘河’能解决就

抢浇麦田　　张再厚　摄

好了！”

冯老汉称做“河”的兰杞干渠是1958年挖成的。老人们回忆说，当年山东、河南、安徽三省20多万人一起挖，长二十多里地，一直通到商丘民权，同时能浇25万亩地。

冯老汉说：“那个时候浇地多方便啊！俺一个人能灌六七十亩地哩。自从上游把水截住后，黄河水就再也没流过来过，时间长了，渠也废了、淤了，现在都平了。”

“我们都希望兰杞干渠恢复了，要是那个‘河’通了，真是一件大好事！”

事实上，“有水难浇”的尴尬并不是个别现象。农田水利建设的“欠账”问题一直存在，只是今年旱情异常严峻，使得这个问题尤显突出。

水利部副部长鄂竟平指出：目前全国一半以上的耕地没有水利设施，主要是靠天吃饭！

业内人士提供了这样两组数据：1949年至1978年，灌溉面积从1949年的2.4亿亩增加到1978年的7.3亿亩，增加了5亿亩(增幅超过200%)。同时，修建各类水库8.6万多座。在1978年至2008年，农田灌溉面积从7.3亿亩增加到8.67亿亩，只增加了1.37亿亩(增幅19%)。同期只建设各类水库800多座(主要用于发电)。更致命的是，原来建好的灌溉系统和水库由于缺乏资金投入、疏于管理而出现严重荒废，导致灌溉能力大大减弱，没能充分发挥其涝季蓄水、旱季供水的功能。

带队到灌区调研的黄科院引黄灌溉工程技术研究中心副主任张会敏告诉记者，这次特大干旱给了我们一个简单而深刻的教训：有水的地方损失就小，没水的地方损失就大。如果发生连年干旱，这种状况将直接威胁国家粮食安全。他呼吁国家投入资金加强基本水利工程建设，尽快弥补水利工程的各种欠账，为抵御今后旱涝灾害早做准备，这样才能从根本上解决农民增收致富的问题。

白白流走的水

即使在抗旱应急情况下，灌溉水利用率仍显不高。

2月15日，在开封县杜良乡崔楼村，记者看到的却是另外一番景象：田地里溢满了水，麦苗几乎被淹没。地头的沟里面也存满了水，水头“哗哗”地流到了公路上。当问及村民怎么用这么多水浇地时，他们说：“我们这里用黄河水很方便，浇地从来都是这样。”

按理说，越是旱情紧急，越是要节约利用、高效利用水资源。目前上游地区的春播还未开始，中下游地区还要进行第二轮春灌。4月中旬将是全河的又一个用水高峰，各河段的用水形势会异常紧张。

谈到这个问题，张会敏的脸上写满了忧虑。“我们所调研的灌区大部分农田的畦块面积较大，灌水方式多为大水漫灌，且受地面不平整和农民节水意识不强的影响，灌溉后的地表积水层较厚。即使在抗旱应急情况下，灌溉也并没有实现科学管理。”

“干旱发生之后，一个很突出的问题就是水源不足，特别是一些灌区中部和末端的水源问题更加突出。”国家防汛抗旱总指挥部秘书长、水利部副部长鄂竟平指出。

黄委水调局提供了这样一组数据：全国农业灌溉水利用系数为0.46。我国单方水的生产能力只有0.85公斤左右，远低于2公斤以上的世界发达国家的水平，每年农业灌溉浪费的水量相当于3~4条黄河的天然年径流总量。

此次旱情的重灾区在河南，作为河南省委、省政府第13督导组组长的河南黄河河务局局长牛玉国认为：目前的灌溉体系中存在诸多不配套。自流灌区的节水改造工程没有进行，造成水资源浪费；田间配水设施建设不完善，影响水资源的合理分配、充分利用；田间工程渠系配套不完善、农业灌溉基础设施投入不足、已建设施管理不到位。

抗旱突围：向左？向右？

国务院总理温家宝：通过这场特大旱灾，我们也要很好地反思一下，不仅要治标，更要治本。

不可否认，大旱突袭，沿黄各级政府、部门纷纷行动起来，全力抗旱保苗，取得了积极效果。但也有专家警告，这种“紧急集合”式的措施极其耗费成本，并不能从根本上解决抗旱“质”的问题。随着北方冬麦区普降雨雪，旱情大为缓解，我们切不可“好了伤疤忘了疼”。

农村的基础水利设施建设“重建轻管，重用轻护”，“重水电、轻水利”等问题非常突出。“是该解决的时候了！”采访中，无论是农民，还是官员、专家，都强烈地表达着这一愿望。

令人欣慰的是，这一问题引起了足够重视并正在得到解决。作为我国粮食主产区的河南，正在快马加鞭建设农田水利体系。在累计投入抗旱资金15亿元的基础上，将追加在沿黄河灌区投资2.84亿元，在平原井灌区投资7.8亿元，在河、库灌区投资2.27亿元，力争还清河南水利建设欠账，完善抗击旱涝灾害的水利设施。

一些水利专家针对黄河资源性缺水的现状，也开出了“药方”：应着眼于抗御干旱和连年枯水的特大旱灾，及早采取工程措施。

根据新一轮黄河流域水资源综合规划核算：黄河多年平均天然径流量已由原来的580亿立方米减少为535亿立方米。“将来还可能进一步减少”。从事黄河流域水资源规划的专家张新海告诉记者。“河川径流量逐年呈减少态势，干旱将是我们长期面临的严峻问题，未来大旱发生的概率越来越大。”

“应尽快上马古贤水利枢纽。”2月16日，黄河设计公司总经理张金良在接受记者采访时表示。“黄河中游缺乏大型调控工程。如果古贤水利枢纽建成，将携手万家寨水利枢纽、小浪底水利枢纽，形成黄河中下游水沙调控体系，既可防御黄河中游发生重大自然灾害，又具备多年的水资源调控能力。”

谈英武则认为，从长远考虑，解决黄河缺水的有效途径是跨流域调水，应积极推进为黄河增补水资源的南水北调西线工程。

“西线调水是实施西部大开发水资源保障的重大基础设施，以水资源的可持续利用支撑黄河流域和全国经济社会的可持续发展，对于贯彻落实科学发展观，惠及民生，具有重大的战略意义。严重的旱情是一个推力，易于对一些问题形成共识，这也许是推进西线工程的机遇。”

针对旱灾暴露出的细节问题，业内人士实际上已开始“亡羊补牢”。

“我们要以这次抗旱为契机，加强抗旱应急管理体系建设，明确旱灾的防范措施和处置程序，增强预案的针对性。要根据不同旱情、不同需水，因地制宜，突出重点，细化措施，制订相应的抗旱调度措施，使抗旱预案更加科学和可操作。”黄委水调局局长安新代说。

黄委水文局信息中心副主任王春青则呼吁，当务之急是建立一个覆盖黄河流域的旱情监测及抗旱信息处理系统。对土壤墒情的动态变化情况进行实时监测，快速、准确地捕捉旱情分布及其演变信息，加强旱情的预测和预报，科学地评估旱灾损失和抗旱效益，使旱灾造成的损失减少到最低程度。

记者还获悉，最近，国务院审议通过了《中华人民共和国抗旱条例(草案)》。《条例》从旱灾预防、加强农田水利基础设施建设、抗旱减灾和灾后恢复等方面都作了详细规定，明晰了各级人民政府、有关部门和单位的职责，明确了不同等级旱灾发生时的抗旱措施，规范了水量调度，并设定了相应的法律责任。

“法律是一种硬性的约束，好的机制体制一旦通过法律形式固定下来，就能充分减少危机应对管理工作的随意性和随机性；法律还是一种长效机制，要想让危机应对管理成为一项日常性的工作，法律必不可少。”一位长期从事抗旱研究的专家这样解读。

反思才能前瞻，前瞻才能未雨绸缪。只有真正做到遵循自然规律，走科学发展道路，人类才能逐步从必然王国走向自由王国。

特大旱情后对河南引黄灌溉的认识与启示

黄河报·黄河网4月9日(谷慧林　刘天　祖士保)　自去年10月24日始，河南省连续100多天无有效降雨，受旱范围之广、时间之长、程度之重、危害之大，均属新中国成立以来同期所罕见。

在黄河防总的全面部署和大力支持下，河南河务局全力以赴支持沿黄地区抗旱浇麦工作，引黄涵闸开启数量、引黄流量、总引水量、抗旱浇麦面积均创30年来历史同期之最。整个抗旱浇麦期间，河南省引黄抗旱累计用水8.90亿立方米，日灌溉面积最大达30万亩，累计灌溉775万亩次（不含滩区110万亩），补源342万亩，为去年同期浇灌面积两倍以上，引黄抗旱在沿黄灌区粮食生产中发挥了不可替代的重要作用，为河南沿黄灌区800多万亩小麦解除了旱情，为中国粮仓夏粮丰收做出了突出贡献。

引黄抗旱采取的措施

1. 举全局之力，确保省委、省政府抗旱浇麦工作部署落实到位

春节未过，河南河务局就召开局属各河务局有关负责人参加的全局抗旱紧急会议，动员、部署抗旱浇麦工作。此后，河南河务局结合抗旱浇麦进展情况，多次召开专题会议安排部署抗旱浇麦工作，动员各级河务部门把抗旱浇麦作为当前工作的重中之重，积极加强与灌区及地方政府的联系，为灌区群众抗旱保麦提供优质服务。

2. 多措并举，确保引黄抗旱浇麦卓有成效

河南河务局领导亲临一线，督导抗旱工作；及时会商，超前部署；应急响应，24小时值班；深入基层，加强技术指导；注重信息采集，提供决策依据。

3. 科学调度，确保引黄抗旱浇麦供水安全

河南河务局科学决策，全力组织水源；精心分析，科学调度；强化引黄工程管理，保障引黄正常运行；督促指导引渠清淤开挖，确保引黄工程引水能力；积极开展跨区供水，扩大抗旱浇麦面积。

认识与启示

1. 各级领导高度重视是根本，黄河水资源管理体制有待改进

去年10月份，河南省政府未雨绸缪，召开了河南黄河水资源开发利用座谈会，对黄河水资源促进沿黄灌区农业发展的作用进行了明确定位，引起了沿黄各地的高度重视，为这次抗旱工作取得阶段性胜利打下了思想基础。

河南省出现旱情后，省委、省政府及时部署抗旱工作，统一思想、提高认识，把抗旱浇麦放在工作的首位，当作中心任务来抓。抗旱行动中，胡锦涛总书记等中央领导同志做出重要批示，温家宝总理视察河南时做出重要讲话，徐光春书记在省级领导干部会议上做出重要讲话等，使沿黄各级政府充分认识到做好抗旱引水工作的重要性，迅速掀起了引黄抗旱浇麦高潮，确保打赢抗旱浇麦夺丰收这场硬仗。

这次河南大旱，使我们进一步清醒地认识到，必须立足当前、着眼长远，进一步加大开发利用黄河水资源的工作力度。

一是河南省政府应尽快出台黄河水资源开发利用工作意见。河南省属缺水省份，特别是沿黄地区人均水资源量仅占全国平均水平的1/10，黄河作为河南省最主要的过境水源，是沿黄地区农业生产、人民生活、经济社会发展、生态文明建设的重要保障。但目前引黄工程灌溉效益远未充分发挥出来，抗旱灌溉面积仅占设计灌溉面积的34%。为充分利用黄河水资源，应尽快出台黄河水资源开发利用工作意见，加大水资源利用力度。

二是进一步加强对黄河水资源开发利用工作的领导。建议由省政府牵头，成立由省直有关部门参加的河南黄河水资源开发利用领导小组，建立联席会议制度，负责河南黄河水资源开发利用的组织、领导、沟通、协调工作；各级各有关部门进一步提高认识，高度重视黄河水资源开发利用问题，结合实际，加强领导，合理安排，努力构建相互配合、沟通协调的平台，及时通报水资源开发利用进展情况，研究解决推进过程中存在的问题。

三是规范管理黄河水资源。进一步理顺和落实沿黄各级政府、黄河河务部门和水利部门的职责。沿黄各级政府是黄河水资源开发利用工作的责任主体，要从政策、经济、科技、机构和行政等方面积极组织、支持和引导黄河水资源开发利用工作；黄河河务部门要科学调度、强化监管，结合黄河治理规划，加大河道整治力度，规顺稳定河势，提高供水保证率；水利部门和灌区管理机构要加强引黄渠系及配套设施的维修养护，及时组织渠道清淤，保障供水安全。

四是把黄河水资源开发利用工作纳入沿黄各级政府的绩效考核。黄河水资源开发利用工作实行政府负责制和部门责任制。要把黄河水资源开发利用目标任务纳入政府年度目标考核体系，对在黄河水资源开发利用工作中取得显著成绩的单位和个人予以表彰奖励。

2.黄河水资源是沿黄区域工农业生产的重要保障，引黄管理机制亟待创新

自启动抗旱一级响应到抗旱结束，河南省引黄流量最大超过300立方米每秒，日均流量240立方米每秒，日均放水量2000多万立方米，相当于每天放空一座中型水库。据河南省防汛抗旱指挥部统计，抗旱期间全省各类水库共放水9.73亿立方米，河南引黄水量8.6亿立方米，几乎相当于全省水库放水量，引黄水量在抗旱浇麦中起到了不可替代的作用。

但长期以来，引黄用水效益远未充分发挥，引黄灌区有近千万亩耕地没能充分利用黄河水，另有近千万亩适宜发展引黄灌溉的耕地尚未用上黄河水。制约用水的关键在于改革目前的引黄管理机制，建立政策引导机制，调动沿黄各地各级引黄用水的积极性。

一是制定引黄补源工程规划，充分利用黄河水补源。自上个世纪80年代以来，河南省出现引黄供水总量持续下降、引黄灌溉面积锐减的不利局面，随着大量采用地下水灌溉，导致地下水位下降，地下水的补给更加困难，沿黄湿地萎缩，生态环境出现恶化。此外，还导致兴建的灌溉设施损毁，甚至废弃。建议请省政府牵头，协调相关部门参加，制定引黄补源工程规划，积极协调跨区远距离调水，引黄补源，改善生态。

二是建立政策引导机制，调动农民用水的积极性。与水灾、地震相比，旱灾往往来得没有那么急，抗旱督导中发现农民有靠天吃饭的倾向，主要原因是浇灌成本高，据调查，平均灌溉1亩地的成本约15元，在发生旱情的情况下，小麦最少需灌溉4次，每亩地需要60元左右。一些地下水位较低的井灌区和提灌区，灌溉成本更高。而各级财政这方面投入的资金较少，需要群众自筹资金抗旱。由于抗旱成本高，造成收益降低，影响了群众抗旱浇麦的积极性。建议积极向国家争取农业用水国家财政直补政策，充分调动农民种粮用水的积极性。同时积极推进水权转换工作，以工业反哺农业，鼓励非农业用水户投资引黄灌区的改造，节约出的水指标，用于非农业生产，切实促进黄河水资源的综合有效利用。

3. 引黄工程建设是基础，灌区配套设施亟待加强

自1952年人民胜利渠灌区建成以来，河南省已建成并发挥效益的引黄灌区26处，设计灌溉面积2362万亩，有效灌溉面积1280

人民胜利渠　　张再厚　摄

万亩，补源面积893万亩。据统计，1978年至今，河南省共引用黄河水760亿立方米，黄河水资源成为河南省，尤其是沿黄地区经济社会发展的重要保障。

去冬今春抗旱期间，河南省引黄工程全部开启，日灌溉面积最大达30万亩，累计灌溉775万亩次，补源342万亩。引黄工程在抗旱浇麦中发挥了不可替代的重要作用。罕见的旱情让我们再次清醒地认识到引黄工程依然是河南沿黄灌区农业的命脉，但同时也暴露出灌区水利基础设施严重“透支”和配套设施不足问题。

河南省绝大多数引黄灌溉工程建于上世纪六七十年代，老化失修严重，灌溉设施不配套，渠道完好率较低，特别是斗渠以下渠道及建筑物破损缺失，通水不畅，不能充分发挥工程的灌溉效益，导致一些沿黄灌区抗旱行动无法迅速有效展开，实际引黄灌溉面积远远达不到最初的设计标准，出现守着黄河，麦田却迟迟浇不上“救命水”的现象。因此，加快引黄设施建设刻不容缓。

一是加大沿黄灌区农田水利基础设施建设。建议抓住国家建立粮食核心产区的机遇，尽快弥补水利工程的各种欠账，投入资金加强沿黄灌区基本水利工程建设，加大对原有灌区续建配套与技改支持力度，促进沿黄农田水利基础设施建设超常规发展，进一步完善沿黄地区农田水利基础配套设施，全面恢复引黄灌区，形成一套遇旱能灌、遇涝能排的蓄泄兼筹工程体系，实现2300多万亩农田旱涝保收。进一步拓展开发利用黄河水资源，可以实现近3000万亩农田旱涝保收，从而提升抗灾减灾能力和水资源调控能力，为抵御今后旱涝灾害早做准备，为实现河南粮食核心区建设目标奠定坚实的基础。

二是建立长效的引渠清淤机制，保障资金投入。河南黄河下游河道宽浅散乱，游荡不定，对引黄取水带来诸多难题。在整个宽阔的河南黄河滩区，引黄取水需开挖的引渠总长达130公里，加之黄河为多泥沙河流，引水必引沙，引沙则淤积，每年引黄灌溉之后，引渠都会出现严重的淤积。由于取消“两工”之后，引渠清淤主要由灌区负责，清淤费用成为制约引渠清淤开挖的瓶颈，导致引渠不能及时清淤和开挖，甚至常年不清淤，严重影响引黄灌溉用水。开挖清淤一条引渠，投资30万~50万元，日引黄河水100多万立方米，10天就等于建成一座中型水库，投资小，见效快，作用大。建议省政府建立长效的引渠清淤机制，对农民群众投工投劳出台补助和奖励政策，对农村抗旱实行补贴，保障资金投入，加大引渠清淤及开挖力度，疏浚引黄干、支渠，增加灌区引水能力，恢复渠道输水能力，保障灌区用水需要。

4. **科学调度是关键，应急响应措施有待提高**

为支持沿黄抗旱用水，黄河防汛抗旱总指挥部启动Ⅰ级抗旱预警响应，采取一切有效措施，联合调度万家寨、小浪底、东平湖等各大水库，举全河水资源之力支援流域省区抗旱浇麦，为保证河南省抗旱浇麦水源，连续7次加大小浪底下泄流量。

河南河务局立即启动应急响应，科学制定用水计划，积极筹备水源，根据引黄工程引水能力，实时调配引水指标，强化实时调度，引水指标保证率达100%，保证了引黄供水水源。但由于制定的抗旱应急预案是第一次实施，缺乏实践经验，抗旱之初，职责不十分明确，应对也较为忙乱。要在总结经验的基础上，进一步完善应急响应措施。

一是进一步强化抗旱组织体系。河南省引黄抗旱涉及两个指挥系统，一方是黄河防汛抗旱总指挥部，另一方是河南省防汛抗旱指挥部，应尽可能避免“令出多门”，明确引黄抗旱指挥机构，负责指挥、协调引黄抗旱工作，制定水量调度方案，下达调度指令，组织实施引黄抗旱工作。对此河南河务局将进一步明晰部门职责，强化部门协作、分级负责，维护引黄涵闸的正常运行，完善抗旱信息系统，监测、报送信息和对外发布，做好应急保障预案，保障抗旱工作有序进行。

二是编制河南黄河抗旱应急响应预案。依据《中华人民共和国抗旱条例》、《黄河水量调度条例》、《黄河流域抗旱预案（试行）》，结合《河南省抗旱应急预案》，编制河南黄河抗旱应急响应预案。建立和规范抗旱组织指挥机制和程序，明确旱灾的防范措施和处置程序，增强预案的针对性。根据不同旱情、不同需水，因地制宜，突出重点，细化措施，制订相应的抗旱调度措施。提高抗旱工作的计划性、主动性和应变能力，减轻旱灾影响和损失，保障河南沿黄地区经济发展、生活、生产和生态环境用水安全。

第五章　抗旱备忘

一、蓝色预警阶段

1月3日 黄河干流西霞院河段发生油污染事件，由于西霞院水利枢纽8号机组检修时补充的润滑油泄漏所致。事件发生后，黄委有关部门立即启动应急预案，派出调查组奔赴现场开展调查监测，并采取了有效的清污、稀释调水等措施，使泄漏的油污未对下游供水特别是郑州供水水源地造成影响。

1月6日 河南省防汛抗旱指挥部发布干旱黄色预警，根据《黄河流域抗旱预案(试行)》，黄河防总发布黄河流域干旱蓝色预警，启动Ⅳ级响应。这是《黄河流域抗旱预案(试行)》自2008年6月颁布以来，首次启动区域干旱预警。小浪底水库下泄流量从290立方米每秒增大至350立方米每秒。

二、黄色预警阶段

1月11日 黄河防总发布黄河流域干旱黄色预警，启动Ⅲ级响应。小浪底水库下泄流量从350立方米每秒增大至500立方米每秒。

1月15日 陕西省防汛抗旱指挥部发布干旱黄色预警。

1月17日 山西省防汛抗旱指挥部发布干旱黄色预警。

1月18日 中共中央政治局委员、国务院副总理、国家防汛抗旱总指挥部总指挥回良玉同志针对当前抗旱工作作出重要批示，提出明确要求，强调：“当前冬季旱情发生范围之广、持续时间之长、小麦受旱面积之大都是多年少见的，望进一步加强对冬麦区抗旱工作的指导和支持，强化水源调度和田间管理，落实抗旱防冻措施，努力减轻灾害影响，力争夏季粮食好收成。”

1月20日 国家防汛抗旱总指挥部启动Ⅲ级抗旱应急响应。

1月30日 为全力支援河南、山东的抗旱工作，黄河防总决定，小浪底水库下泄流量进一步由500立方米每秒加大至550立方米每秒。

2月1日 鉴于目前黄河流域山西、陕西、河南、山东等省的严重旱情，黄河防总常务副总指挥、黄委主任李国英主持召开抗旱第二次会商会议，根据《黄河流域抗旱预案(试行)》，要求黄河防总各成员单位要高度关注旱情的发展态势，水资源管理与调度局、防汛办公室、河南黄河河务局、水文局形成联动机制，切实保证沿黄省区的抗旱工作。河南省防汛抗旱指挥部今日将黄色预警升级为橙色预警。

2月2日 2日至6日，黄河防总派出3个工作组分赴黄河下游南北两岸和上中游督导抗旱，实地了解引黄涵闸的闸前清淤和灌区引黄渠道的引水能力、供水需求、土壤墒情，科学调度黄河水量，全力支援流域抗旱保苗。

三、橙色预警阶段

2月3日 根据当前黄河流域山西、陕西、河南、山东等省的旱情，黄河防总常务副总指挥、黄委主任李国英主持召开第三次会商会议，决定从2月3日起，黄河防总发布黄河流域区域旱情橙色预警，启动Ⅱ级响应。

小浪底水库下泄流量从550立方米每秒增大至600立方米每秒。从2月3日起黄河防总水调部门开始实行24小时值班，严密关注流域旱情发展。

陕西省防汛抗旱指挥部今日将干旱黄色预警升级为橙色预警。

山西省防汛抗旱指挥部今日将干旱黄色预警升级为橙色预警。

2月4日　国家防汛抗旱总指挥部启动Ⅱ级抗旱应急响应。

2月5日　国家防汛抗旱总指挥部召开抗旱异地会商会议，启动Ⅰ级抗旱应急响应，再次全面部署当前抗旱工作。会议一结束，黄河防总立即召开第四次会商会议，安排落实国家防汛抗旱总指挥部有关部署的各项工作措施。山东省防汛抗旱指挥部今日发布干旱橙色预警。

四、红色预警阶段

流域旱情：截至2月6日，甘肃、陕西、山西、河南、山东5省受旱面积已达1.35亿亩，重旱面积2930万亩。其中甘肃省受旱面积1865万亩，陕西省1149万亩，山西省3274万亩，河南省4150万亩，山东省3062万亩。河南、山西省农作物枯死面积分别达65万亩和91.8万亩，部分省(区)已出现临时人畜饮水困难。

2月6日　黄河防总发布黄河流域干旱红色预警，启动Ⅰ级响应。小浪底水库今日8时，下泄流量从600立方米每秒增大至700立方米每秒。

国务院抗旱工作督导组组长、国家防汛抗旱总指挥部秘书长、水利部副部长鄂竟平带队，深入到郑州、开封、商丘等市了解最新旱情，检查并指导当地的抗旱工作。

2月8日　黄河防总常务副总指挥、黄委主任李国英主持召开第五次抗旱会商会议，再次部署抗旱工作。

自2月8日20时起，小浪底水库日均出库流量按900立方米每秒控泄；万家寨水库日均出库流量按450立方米每秒控泄，自2月8日22时起，开启东平湖水库陈山口、清河门入黄闸门，流量按20

立方米每秒控泄。黄河防总首次联合调度万家寨、小浪底、东平湖等水库支援抗旱。

黄河防总再派出两个工作组，一组赴河南进一步了解涵闸引水情况，另一组赴陕西、山西两省调查了解黄河小北干流应急抗旱引黄用水需求，支持地方抗旱工作。

2月9日 水文局开展东平湖出库站水文监测工作，对陈山口、清河门入黄闸实行两段制报汛。

黄河流域水资源保护局对东平湖入黄水质实施监测，陈山口和湖心水质主要代表性参数均未超过Ⅲ类水。

黄河防总派出调查组赴陕西、山西两省，了解黄河小北干流应急抗旱引黄需求。

2月10日 黄河防总召开“黄河流域旱情及抗旱工作情况”新闻发布会，通报当前黄河流域旱情及抗旱工作情况，并回答记者的提问。人民日报、新华社、中央电视台、中央人民广播电台、经济日报、光明日报、科技日报、中新社、科学时报、中国水利报、河南日报、河南电视台、大河报、郑州日报、郑州晚报等20多家国内媒体的记者参加了本次新闻发布会。

2月12日 黄河防总常务副总指挥、黄委主任李国英主持召开第六次抗旱会商会议，研究部署近期抗旱工作。

在今日召开的黄河防凌例会上，黄委副主任苏茂林对旱情紧急情况下水量调度预案框架进行了研究，并就下阶段工作作出了具体部署。

2月13日 为切实保障山西、陕西省的抗旱筹措更多的水源，自13日8时起，万家寨水库下泄流量由前期的450立方米每秒加大至550立方米每秒。

鉴于前期小浪底下泄900立方米每秒的水头已演进至艾山断

面，13日22时关闭东平湖水库入黄闸门。

至今日8时，河南同期引黄流量、引水量和灌溉面积均创30年来最高纪录。自1月6日至2月13日，河南、山东两省已累计引水8.81亿立方米，灌溉冬麦1023万亩，其中河南452万亩，山东571万亩。

2月16日 黄河防总常务副总指挥、黄委主任李国英主持召开第七次抗旱会商会议，研究部署抗旱工作。

河南、山东引黄灌溉面积已达1370万亩，再创历史新高。基于山东引水需求未来一周和近阶段将持续增长，抗旱进入最关键时期。今日20时起，加大小浪底水库下泄流量至1000立方米每秒，全力保障山东关键期的灌溉用水。

2月17日 为确保山西、陕西抗旱用水的需求，兼顾内蒙古河段防凌安全，黄河防总决定，今日8时，万家寨水库下泄流量加大至600立方米每秒，全力支持沿黄灌区抗旱保苗。

2月17日 国家防总副总指挥、水利部部长陈雷在“关于黄河流域抗旱工作进展情况的报告”上作出重要批示：“黄委在这次抗旱工作中，围绕中心，服务大局，及时启动预案和应急响应，科学进行水量调度，统筹安排抗旱用水，受到沿黄旱区各省的好评。望再接再厉，打好抗旱这一仗。”水利部刘宁副部长批示：“近几年，在部党组领导下，黄委积极做好黄河水量调度工作，取得了可喜的成效。望认真领会和贯彻陈部长的批示精神，总结这次抗旱中有益经验，继续做好流域抗旱工作，最大可能保障沿黄生活、生产、生态用水安全。”

2月18日 下午，苏茂林副主任、安新代局长参加了河南省委副书记陈全国、副省长刘满仓召集的抗旱工作会议。

2月19日 黄委召开防凌例会，研究部署下一步防凌及抗旱工作。同时，要求宁夏、内蒙古两自治区上报引黄灌区降雨、墒情和今年农作物种植计划安排。

2月21日 向委属有关单位转发国家防办关于进一步抓好下阶段抗旱工作的通知。

2月23日 黄委副主任苏茂林主持黄河抗旱会商会，研究安排近期抗旱工作。

2月25日 为做好后期水量调度工作，指导地方抗旱供水，要求山东河务局对山东河段特别是利津以下引黄涵闸引水能力进行调研。

五、红色预警降为蓝色预警

2月27日 鉴于山东、河南两省先后于2月19日、2月26日解除红色干旱预警，同时考虑甘肃、陕西、山西三省当前的旱情变化，今日起，黄河流域干旱等级由红色预警降为蓝色预警。

3月5日 黄河防总向国家防汛抗旱总指挥部上报“关于黄河流域干旱红色预警期间抗旱工作的报告”(黄防总旱电[2009]2号)。

六、干旱预警解除

3月10日 随着2月27日陕西解除干旱预警，3月6日，山西省解除旱情严重地区的干旱预警，3月9日甘肃省将干旱预警由Ⅱ级降为Ⅳ级，黄河防总决定解除黄河流域干旱蓝色预警。

3月27日 水利部刘宁副部长在“关于黄河流域应急抗旱工作总结的报告”上作出重要批示:“防办:这份报告写的好!黄河防总采取积极应对措施，有效保障了前一阶段抗旱工作的胜利。其中不乏经验之举。连同所提及的问题和建议值得关注，并有所反应和推进。”

附　录

附录一

中华人民共和国抗旱条例

中华人民共和国国务院令

第552号

《中华人民共和国抗旱条例》已经2009年2月11日国务院第49次常务会议通过，现予公布，自公布之日起施行。

总理 温家宝

二〇〇九年二月二十六日

第一章 总 则

第一条 为了预防和减轻干旱灾害及其造成的损失，保障生活用水，协调生产、生态用水，促进经济社会全面、协调、可持续发展，根据《中华人民共和国水法》，制定本条例。

第二条 在中华人民共和国境内从事预防和减轻干旱灾害的活动，应当遵守本条例。

本条例所称干旱灾害，是指由于降水减少、水工程供水不足引起的用水短缺，并对生活、生产和生态造成危害的事件。

第三条 抗旱工作坚持以人为本、预防为主、防抗结合和因地制宜、统筹兼顾、局部利益服从全局利益的原则。

第四条 县级以上人民政府应当将抗旱工作纳入本级国民经

济和社会发展规划，所需经费纳入本级财政预算，保障抗旱工作的正常开展。

第五条 抗旱工作实行各级人民政府行政首长负责制，统一指挥、部门协作、分级负责。

第六条 国家防汛抗旱总指挥部负责组织、领导全国的抗旱工作。

国务院水行政主管部门负责全国抗旱的指导、监督、管理工作，承担国家防汛抗旱总指挥部的具体工作。国家防汛抗旱总指挥部的其他成员单位按照各自职责，负责有关抗旱工作。

第七条 国家确定的重要江河、湖泊的防汛抗旱指挥机构，由有关省、自治区、直辖市人民政府和该江河、湖泊的流域管理机构组成，负责协调所辖范围内的抗旱工作；流域管理机构承担流域防汛抗旱指挥机构的具体工作。

第八条 县级以上地方人民政府防汛抗旱指挥机构，在上级防汛抗旱指挥机构和本级人民政府的领导下，负责组织、指挥本行政区域内的抗旱工作。

县级以上地方人民政府水行政主管部门负责本行政区域内抗旱的指导、监督、管理工作，承担本级人民政府防汛抗旱指挥机构的具体工作。县级以上地方人民政府防汛抗旱指挥机构的其他成员单位按照各自职责，负责有关抗旱工作。

第九条 县级以上人民政府应当加强水利基础设施建设，完善抗旱工程体系，提高抗旱减灾能力。

第十条 各级人民政府、有关部门应当开展抗旱宣传教育活动，增强全社会抗旱减灾意识，鼓励和支持各种抗旱科学技术研究及其成果的推广应用。

第十一条 任何单位和个人都有保护抗旱设施和依法参加抗

旱的义务。

第十二条 对在抗旱工作中做出突出贡献的单位和个人，按照国家有关规定给予表彰和奖励。

第二章 旱灾预防

第十三条 县级以上地方人民政府水行政主管部门会同同级有关部门编制本行政区域的抗旱规划，报本级人民政府批准后实施，并抄送上一级人民政府水行政主管部门。

第十四条 编制抗旱规划应当充分考虑本行政区域的国民经济和社会发展水平、水资源综合开发利用情况、干旱规律和特点、可供水资源量和抗旱能力以及城乡居民生活用水、工农业生产和生态用水的需求。

抗旱规划应当与水资源开发利用等规划相衔接。

下级抗旱规划应当与上一级的抗旱规划相协调。

第十五条 抗旱规划应当主要包括抗旱组织体系建设、抗旱应急水源建设、抗旱应急设施建设、抗旱物资储备、抗旱服务组织建设、旱情监测网络建设以及保障措施等。

第十六条 县级以上人民政府应当加强农田水利基础设施建设和农村饮水工程建设，组织做好抗旱应急工程及其配套设施建设和节水改造，提高抗旱供水能力和水资源利用效率。

县级以上人民政府水行政主管部门应当组织做好农田水利基础设施和农村饮水工程的管理和维护，确保其正常运行。

干旱缺水地区的地方人民政府及有关集体经济组织应当因地制宜修建中小微型蓄水、引水、提水工程和雨水集蓄利用工程。

第十七条 国家鼓励和扶持研发、使用抗旱节水机械和装备，推广农田节水技术，支持旱作地区修建抗旱设施，发展旱作节水农业。

国家鼓励、引导、扶持社会组织和个人建设、经营抗旱设施，并保护其合法权益。

第十八条 县级以上地方人民政府应当做好干旱期城乡居民生活供水的应急水源贮备保障工作。

第十九条 干旱灾害频繁发生地区的县级以上地方人民政府，应当根据抗旱工作需要储备必要的抗旱物资，并加强日常管理。

第二十条 县级以上人民政府应当根据水资源和水环境的承载能力，调整、优化经济结构和产业布局，合理配置水资源。

第二十一条 各级人民政府应当开展节约用水宣传教育，推行节约用水措施，推广节约用水新技术、新工艺，建设节水型社会。

第二十二条 县级以上人民政府水行政主管部门应当做好水资源的分配、调度和保护工作，组织建设抗旱应急水源工程和集雨设施。

县级以上人民政府水行政主管部门和其他有关部门应当及时向人民政府防汛抗旱指挥机构提供水情、雨情和墒情信息。

第二十三条 各级气象主管机构应当加强气象科学技术研究，提高气象监测和预报水平，及时向人民政府防汛抗旱指挥机构提供气象干旱及其他与抗旱有关的气象信息。

第二十四条 县级以上人民政府农业主管部门应当做好农用抗旱物资的储备和管理工作，指导干旱地区农业种植结构的调整，培育和推广应用耐旱品种，及时向人民政府防汛抗旱指挥机构提供农业旱情信息。

第二十五条 供水管理部门应当组织有关单位，加强供水管网的建设和维护，提高供水能力，保障居民生活用水，及时向人民政府防汛抗旱指挥机构提供供水、用水信息。

第二十六条 县级以上人民政府应当组织有关部门，充分利用现有资源，建设完善旱情监测网络，加强对干旱灾害的监测。

县级以上人民政府防汛抗旱指挥机构应当组织完善抗旱信息系统，实现成员单位之间的信息共享，为抗旱指挥决策提供依据。

第二十七条 国家防汛抗旱总指挥部组织其成员单位编制国家防汛抗旱预案，经国务院批准后实施。

县级以上地方人民政府防汛抗旱指挥机构组织其成员单位编制抗旱预案，经上一级人民政府防汛抗旱指挥机构审查同意，报本级人民政府批准后实施。

经批准的抗旱预案，有关部门和单位必须执行。修改抗旱预案，应当按照原批准程序报原批准机关批准。

第二十八条 抗旱预案应当包括预案的执行机构以及有关部门的职责、干旱灾害预警、干旱等级划分和按不同等级采取的应急措施、旱情紧急情况下水量调度预案和保障措施等内容。

干旱灾害按照区域耕地和作物受旱的面积与程度以及因干旱导致饮水困难人口的数量，分为轻度干旱、中度干旱、严重干旱、特大干旱四级。

第二十九条 县级人民政府和乡镇人民政府根据抗旱工作的需要，加强抗旱服务组织的建设。县级以上地方各级人民政府应当加强对抗旱服务组织的扶持。

国家鼓励社会组织和个人兴办抗旱服务组织。

第三十条 各级人民政府应当对抗旱责任制落实、抗旱预案编制、抗旱设施建设和维护、抗旱物资储备等情况加强监督检查，发现问题应当及时处理或者责成有关部门和单位限期处理。

第三十一条 水工程管理单位应当定期对管护范围内的抗旱设施进行检查和维护。

第三十二条 禁止非法引水、截水和侵占、破坏、污染水源。

禁止破坏、侵占、毁损抗旱设施。

第三章 抗旱减灾

第三十三条 发生干旱灾害，县级以上人民政府防汛抗旱指挥机构应当按照抗旱预案规定的权限，启动抗旱预案，组织开展抗旱减灾工作。

第三十四条 发生轻度干旱和中度干旱，县级以上地方人民政府防汛抗旱指挥机构应当按照抗旱预案的规定，采取下列措施：

（一）启用应急备用水源或者应急打井、挖泉；

（二）设置临时抽水泵站，开挖输水渠道或者临时在江河沟渠内截水；

（三）使用再生水、微咸水、海水等非常规水源，组织实施人工增雨；

（四）组织向人畜饮水困难地区送水。

采取前款规定的措施，涉及其他行政区域的，应当报共同的上一级人民政府防汛抗旱指挥机构或者流域防汛抗旱指挥机构批准；涉及其他有关部门的，应当提前通知有关部门。旱情解除后，应当及时拆除临时取水和截水设施，并及时通报有关部门。

第三十五条 发生严重干旱和特大干旱，国家防汛抗旱总指挥部应当启动国家防汛抗旱预案，总指挥部各成员单位应当按照防汛抗旱预案的分工，做好相关工作。

严重干旱和特大干旱发生地的县级以上地方人民政府在防汛抗旱指挥机构采取本条例第三十四条规定的措施外，还可以采取下列措施：

（一）压减供水指标；

（二）限制或者暂停高耗水行业用水；

（三）限制或者暂停排放工业污水；

（四）缩小农业供水范围或者减少农业供水量；

（五）限时或者限量供应城镇居民生活用水。

第三十六条 发生干旱灾害，县级以上地方人民政府应当按照统一调度、保证重点、兼顾一般的原则对水源进行调配，优先保障城乡居民生活用水，合理安排生产和生态用水。

第三十七条 发生干旱灾害，县级以上人民政府防汛抗旱指挥机构或者流域防汛抗旱指挥机构可以按照批准的抗旱预案，制订应急水量调度实施方案，统一调度辖区内的水库、水电站、闸坝、湖泊等所蓄的水量。有关地方人民政府、单位和个人必须服从统一调度和指挥，严格执行调度指令。

第三十八条 发生干旱灾害，县级以上地方人民政府防汛抗旱指挥机构应当及时组织抗旱服务组织，解决农村人畜饮水困难，提供抗旱技术咨询等方面的服务。

第三十九条 发生干旱灾害，各级气象主管机构应当做好气象干旱监测和预报工作，并适时实施人工增雨作业。

第四十条 发生干旱灾害，县级以上人民政府卫生主管部门应当做好干旱灾害发生地区疾病预防控制、医疗救护和卫生监督执法工作，监督、检测饮用水水源卫生状况，确保饮水卫生安全，防止干旱灾害导致重大传染病疫情的发生。

第四十一条 发生干旱灾害，县级以上人民政府民政部门应当做好干旱灾害的救助工作，妥善安排受灾地区群众基本生活。

第四十二条 干旱灾害发生地区的乡镇人民政府、街道办事处、村民委员会、居民委员会应当组织力量，向村民、居民宣传节水抗旱知识，协助做好抗旱措施的落实工作。

第四十三条 发生干旱灾害，供水企事业单位应当加强对供水、水源和抗旱设施的管理与维护，按要求启用应急备用水源，确保城乡供水安全。

第四十四条 干旱灾害发生地区的单位和个人应当自觉节约用水，服从当地人民政府发布的决定，配合落实人民政府采取的抗旱措施，积极参加抗旱减灾活动。

第四十五条 发生特大干旱，严重危及城乡居民生活、生产用水安全，可能影响社会稳定的，有关省、自治区、直辖市人民政府防汛抗旱指挥机构经本级人民政府批准，可以宣布本辖区内的相关行政区域进入紧急抗旱期，并及时报告国家防汛抗旱总指挥部。

特大干旱旱情缓解后，有关省、自治区、直辖市人民政府防汛抗旱指挥机构应当宣布结束紧急抗旱期，并及时报告国家防汛抗旱总指挥部。

第四十六条 在紧急抗旱期，有关地方人民政府防汛抗旱指挥机构应当组织动员本行政区域内各有关单位和个人投入抗旱工作。所有单位和个人必须服从指挥，承担人民政府防汛抗旱指挥机构分配的抗旱工作任务。

第四十七条 在紧急抗旱期，有关地方人民政府防汛抗旱指挥机构根据抗旱工作的需要，有权在其管辖范围内征用物资、设备、交通运输工具。

第四十八条 县级以上地方人民政府防汛抗旱指挥机构应当组织有关部门，按照干旱灾害统计报表的要求，及时核实和统计所管辖范围内的旱情、干旱灾害和抗旱情况等信息，报上一级人民政府防汛抗旱指挥机构和本级人民政府。

第四十九条 国家建立抗旱信息统一发布制度。旱情由县级以上人民政府防汛抗旱指挥机构统一审核、发布；旱灾由县级以上人民政府水行政主管部门会同同级民政部门审核、发布；农业灾情由县级以上人民政府农业主管部门发布；与抗旱有关的气象信息由气象主管机构发布。

报刊、广播、电视和互联网等媒体，应当及时刊播抗旱信息并标明发布机构名称和发布时间。

第五十条 各级人民政府应当建立和完善与经济社会发展水平以及抗旱减灾要求相适应的资金投入机制，在本级财政预算中安排必要的资金，保障抗旱减灾投入。

第五十一条 因抗旱发生的水事纠纷，依照《中华人民共和国水法》的有关规定处理。

第四章 灾后恢复

第五十二条 旱情缓解后，各级人民政府、有关主管部门应当帮助受灾群众恢复生产和灾后自救。

第五十三条 旱情缓解后，县级以上人民政府水行政主管部门应当对水利工程进行检查评估，并及时组织修复遭受干旱灾害损坏的水利工程；县级以上人民政府有关主管部门应当将遭受干旱灾害损坏的水利工程，优先列入年度修复建设计划。

第五十四条 旱情缓解后，有关地方人民政府防汛抗旱指挥机构应当及时归还紧急抗旱期征用的物资、设备、交通运输工具等，并按照有关法律规定给予补偿。

第五十五条 旱情缓解后，县级以上人民政府防汛抗旱指挥机构应当及时组织有关部门对干旱灾害影响、损失情况以及抗旱工作效果进行分析和评估；有关部门和单位应当予以配合，主动向本级人民政府防汛抗旱指挥机构报告相关情况，不得虚报、瞒报。

县级以上人民政府防汛抗旱指挥机构也可以委托具有灾害评估专业资质的单位进行分析和评估。

第五十六条 抗旱经费和抗旱物资必须专项使用，任何单位和个人不得截留、挤占、挪用和私分。

各级财政和审计部门应当加强对抗旱经费和物资管理的监督、检查和审计。

第五十七条 国家鼓励在易旱地区逐步建立和推行旱灾保险制度。

第五章 法律责任

第五十八条 违反本条例规定，有下列行为之一的，由所在单位或者上级主管机关、监察机关责令改正；对直接负责的主管人员和其他直接责任人员依法给予处分；构成犯罪的，依法追究刑事责任：

（一）拒不承担抗旱救灾任务的；

（二）擅自向社会发布抗旱信息的；

（三）虚报、瞒报旱情、灾情的；

（四）拒不执行抗旱预案或者旱情紧急情况下的水量调度预案以及应急水量调度实施方案的；

（五）旱情解除后，拒不拆除临时取水和截水设施的；

（六）滥用职权、徇私舞弊、玩忽职守的其他行为。

第五十九条 截留、挤占、挪用、私分抗旱经费的，依照有关财政违法行为处罚处分等法律、行政法规的规定处罚；构成犯罪的，依法追究刑事责任。

第六十条 违反本条例规定，水库、水电站、拦河闸坝等工程的管理单位以及其他经营工程设施的经营者拒不服从统一调度和指挥的，由县级以上人民政府水行政主管部门或者流域管理机构责令改正，给予警告；拒不改正的，强制执行，处1万元以上5万元以下的罚款。

第六十一条 违反本条例规定，侵占、破坏水源和抗旱设施的，由县级以上人民政府水行政主管部门或者流域管理机构责令停止违法行为，采取补救措施，处1万元以上5万元以下的罚款；造成损坏的，依法承担民事责任；构成违反治安管理行为的，依照《中华人民共和国治安管理处罚法》的规定处罚；构成犯罪的，依法追究刑事责任。

第六十二条 违反本条例规定，抢水、非法引水、截水或者哄抢抗旱物资的，由县级以上人民政府水行政主管部门或者流域管理机构责令停止违法行为，予以警告；构成违反治安管理行为的，依照《中华人民共和国治安管理处罚法》的规定处罚；构成犯罪的，依法追究刑事责任。

第六十三条 违反本条例规定，阻碍、威胁防汛抗旱指挥机构、水行政主管部门或者流域管理机构的工作人员依法执行职务的，由县级以上人民政府水行政主管部门或者流域管理机构责令改正，予以警告；构成违反治安管理行为的，依照《中华人民共和国治安管理处罚法》的规定处罚；构成犯罪的，依法追究刑事责任。

第六章 附 则

第六十四条 中国人民解放军和中国人民武装警察部队参加抗旱救灾，依照《军队参加抢险救灾条例》的有关规定执行。

第六十五条 本条例自公布之日起施行。

附录二

国家防汛抗旱应急预案

1 总则

1.1 编制目的

做好水旱灾害突发事件防范与处置工作，使水旱灾害处于可控状态，保证抗洪抢险、抗旱救灾工作高效有序进行，最大程度地减少人员伤亡和财产损失。

1.2 编制依据

依据《中华人民共和国水法》、《中华人民共和国防洪法》和《国家突发公共事件总体应急预案》等，制定本预案。

1.3 适用范围

本预案适用于全国范围内突发性水旱灾害的预防和应急处置。突发性水旱灾害包括：江河洪水、渍涝灾害、山洪灾害（指由降雨引发的山洪、泥石流、滑坡灾害）、台风暴潮灾害、干旱灾害、供水危机以及由洪水、风暴潮、地震、恐怖活动等引发的水库垮坝、堤防决口、水闸倒塌供水水质被侵害等次生衍生灾害。

1.4 工作原则

1.4.1 坚持以“三个代表”重要思想为指导，以人为本，树立和落实科学发展观，防汛抗旱并举，努力实现由控制洪水向洪水管理转变，由单一抗旱向全面抗旱转变，不断提高防汛抗旱的现代化水平。

1.4.2 防汛抗旱工作实行各级人民政府行政首长负责制，统一指挥，分级分部门负责。

1.4.3 防汛抗旱以防洪安全和城乡供水安全、粮食生产安全为首要目标，实行安全第一，常备不懈，以防为主，防抗结合的原则。

1.4.4 防汛抗旱工作按照流域或区域统一规划，坚持因地制宜，城乡统筹，突出重点，兼顾一般，局部利益服从全局利益。

1.4.5 坚持依法防汛抗旱，实行公众参与，军民结合，专群结合，平战结合。中国人民解放军、中国人民武装警察部队主要承担防汛抗洪的急难险重等攻坚任务。

1.4.6 抗旱用水以水资源承载能力为基础，实行先生活、后生产，先地表、后地下，先节水、后调水，科学调度，优化配置，最大程度地满足城乡生活、生产、生态用水需求。

1.4.7 坚持防汛抗旱统筹，在防洪保安的前提下，尽可能利用洪水资源；以法规约束人的行为，防止人对水的侵害，既利用水资源又保护水资源，促进人与自然和谐相处。

2 组织指挥体系及职责

国务院设立国家防汛抗旱指挥机构，县级以上地方人民政府、有关流域设立防汛抗旱指挥机构，负责本行政区域的防汛抗旱突发事件应对工作。有关单位可根据需要设立防汛抗旱指挥机构，负责本单位防汛抗旱突发事件应对工作。

国家防汛抗旱总指挥部(以下简称国家防总)负责领导、组织全国的防汛抗旱工作，其办事机构国家防总办公室设在水利部。国家防总主要职责是拟订国家防汛抗旱的政策、法规和制度等，组织制订大江大河防御洪水方案和跨省、自治区、直辖市行政区划的调水方案，及时掌握全国汛情、旱情、灾情并组织实施抗洪抢险及抗旱减灾措施，统一调控和调度全国水利、水电设施的水量，做好洪水管理工作，组织灾后处置，并做好有关协调工作。

长江、黄河、松花江、淮河等流域设立流域防汛总指挥部，负责指挥所管辖范围内的防汛抗旱工作。流域防汛总指挥部由有关省、自治区、直辖市人民政府和该江河流域管理机构的负责人等组成，其办事机构设在流域管理机构。

有防汛抗旱任务的县级以上地方人民政府设立防汛抗旱指挥部，在上级防汛抗旱指挥机构和本级人民政府的领导下，组织和指挥本地区的防汛抗旱工作。防汛抗旱指挥部由本级政府和有关部门、当地驻军、人民武装部负责人等组成，其办事机构设在同级水行政主管部门。

水利部门所属的各流域管理机构、水利工程管理单位、施工单位以及水文部门等，汛期成立相应的专业防汛抗灾组织，负责本流域、本单位的防汛抗灾工作；有防洪任务的重大水利水电工程、有防洪任务的大中型企业根据需要成立防汛指挥部。针对重大突发事件，可以组建临时指挥机构，具体负责应急处理工作。

3 预防和预警机制

3.1 预防预警信息

3.1.1 气象水文海洋信息

各级气象、水文、海洋部门应加强对当地灾害性天气的监测和预报，并将结果及时报送有关防汛抗旱指挥机构。当预报即将发生严重水旱灾害和风暴潮灾害时，当地防汛抗旱指挥机构应提早预警，通知有关区域做好相关准备。当江河发生洪水时，水文部门应加密测验时段，及时上报测验结果，雨情、水情应在2小时内报到国家防总，重要站点的水情应在30分钟内报到国家防总，为防汛抗旱指挥机构适时指挥决策提供依据。

3.1.2　工程信息

当江河出现警戒水位以上洪水时，各级堤防管理单位应加强工程监测，并将堤防、涵闸、泵站等工程设施的运行情况报上级工程管理部门和同级防汛抗旱指挥机构。大江大河干流重要堤防、涵闸等发生重大险情应在险情发生后4小时内报到国家防总。

当堤防和涵闸、泵站等穿堤建筑物出现险情或遭遇超标准洪水袭击，以及其他不可抗拒因素而可能决口时，工程管理单位应迅速组织抢险，并在第一时间向可能淹没的有关区域预警，同时向上级堤防管理部门和同级防汛抗旱指挥机构准确报告。

当水库水位超过汛限水位时，水库管理单位应按照有管辖权的防汛抗旱指挥机构批准的洪水调度方案调度，其工程运行状况应向防汛抗旱指挥机构报告。当水库出现险情时，水库管理单位应立即在第一时间向下游预警，并迅速处置险情，同时向上级主管部门和同级防汛抗旱指挥机构报告。大型水库发生重大险情应在险情发生后4小时内上报到国家防总。当水库遭遇超标准洪水或其他不可抗拒因素而可能溃坝时，应提早向水库溃坝洪水风险图确定的淹没范围发出预警，为群众安全转移争取时间。

3.1.3　洪涝灾情信息

(1) 洪涝灾情信息主要包括：灾害发生的时间、地点、范围、受灾人口以及群众财产、农林牧渔、交通运输、邮电通信、水电设施等方面的损失。

(2) 洪涝灾情发生后，有关部门及时向防汛抗旱指挥机构报告洪涝受灾情况，防汛抗旱指挥机构应收集动态灾情，全面掌握受灾情况，并及时向同级政府和上级防汛抗旱指挥机构报告。对人员伤亡和较大财产损失的灾情，应立即上报，重大灾情在灾害发生后4小时内将初步情况报到国家防总，并对实时灾情组织核实，核实后及时上报，为抗灾救灾提供准确依据。

(3) 地方各级人民政府、防汛抗旱指挥机构应按照规定上报洪涝灾情。

3.1.4 旱情信息

(1) 旱情信息主要包括：干旱发生的时间、地点、程度、受旱范围、影响人口，以及对工农业生产、城乡生活、生态环境等方面造成的影响。

(2) 防汛抗旱指挥机构应掌握水雨情变化、当地蓄水情况、农田土壤墒情和城乡供水情况，加强旱情监测，地方各级人民政府防汛抗旱指挥机构应按照规定上报受旱情况。遇旱情急剧发展时应及时加报。

3.2 预防预警行动

3.2.1 预防预警准备工作

(1) 思想准备。加强宣传，增强全民预防水旱灾害和自我保护的意识，做好防大汛抗大旱的思想准备。

(2) 组织准备。建立健全防汛抗旱组织指挥机构，落实防汛抗旱责任人、防汛抗旱队伍和山洪易发重点区域的监测网络及预警措施，加强防汛专业机动抢险队和抗旱服务组织的建设。

(3) 工程准备。按时完成水毁工程修复和水源工程建设任务，对存在病险的堤防、水库、涵闸、泵站等各类水利工程设施实行应急除险加固，在有堤防防护的大中城市及时封闭穿越堤防的输排水管道、交通路口和排水沟；对跨汛期施工的水利工程和病险工程，要落实安全度汛方案。

(4) 预案准备。修订完善各类江河湖库和城市防洪预案、台风暴潮防御预案、洪水预报方案、防洪工程调度规程、堤防决口和水库垮坝应急方案、蓄滞洪区安全转移预案、山区防御山洪灾害预案和抗旱预案、城市抗旱预案。研究制订防御超标准洪水的应急方案，主动应对大洪水。针对江河堤防险工险段，还要制订工程抢险方案。

(5) 物料准备。按照分级负责的原则，储备必需的防汛物料，合理配置。在防汛重点部位应储备一定数量的抢险物料，以应急需。

(6) 通信准备。充分利用社会通信公网，确保防汛通信专网、蓄滞洪区的预警反馈系统完好和畅通。健全水文、气象测报站网，确保雨情、水情、工情、灾情信息和指挥调度指令的及时传递。

(7) 防汛抗旱检查。实行以查组织、查工程、查预案、查物资、查通信为主要内容的分级检查制度，发现薄弱环节，要明确责任、限时整改。

(8) 防汛日常管理工作。加强防汛日常管理工作，对在江河、湖泊、水库、滩涂、人工水道、蓄滞洪区内建设的非防洪建设项目应当编制洪水影响评价报告，对未经审批并严重影响防洪的项目，依法强行拆除。

3.2.2 江河洪水预警

(1) 当江河即将出现洪水时，各级水文部门应做好洪水预报工作，及时向防汛抗旱指挥机构报告水位、流量的实测情况和洪水走势，为预警提供依据。

(2) 各级防汛抗旱指挥机构应按照分级负责原则，确定洪水预警区域、级别和洪水信息发布范围，按照权限向社会发布。

(3) 水文部门应跟踪分析江河洪水的发展趋势，及时滚动预报最新水情，为抗灾救灾提供基本依据。

3.2.3 渍涝灾害预警

当气象预报将出现较大降雨时，各级防汛抗旱指挥机构应按照分级负责原则，确定渍涝灾害预警区域、级别，按照权限向社会发布，并做好排涝的有关准备工作。必要时，通知低洼地区居民及企事业单位及时转移财产。

3.2.4 山洪灾害预警

（1）凡可能遭受山洪灾害威胁的地方，应根据山洪灾害的成因和特点，主动采取预防和避险措施。水文、气象、国土资源等部门应密切联系，相互配合，实现信息共享，提高预报水平，及时发布预报警报。

（2）凡有山洪灾害的地方，应由防汛抗旱指挥机构组织国土资源、水利、气象等部门编制山洪灾害防御预案，绘制区域内山洪灾害风险图，划分并确定区域内易发生山洪灾害的地点及范围，制订安全转移方案，明确组织机构的设置及职责。

（3）山洪灾害易发区应建立专业监测与群测群防相结合的监测体系，落实观测措施，汛期坚持24小时值班巡逻制度，降雨期间，加密观测、加强巡逻。每个乡镇、村、组和相关单位都要落实信号发送员，一旦发现危险征兆，立即向周边群众报警，实现快速转移，并报本地防汛抗旱指挥机构，以便及时组织抗灾救灾。

3.2.5 台风暴潮灾害预警

（1）根据中央气象台发布的台风（含热带风暴、热带低压等）信息，省级及其以下有关气象管理部门应密切监视，做好未来趋势预报，并及时将台风中心位置、强度、移动方向和速度等信息报告同级人民政府和防汛抗旱指挥机构。

（2）可能遭遇台风袭击的地方，各级防汛抗旱指挥机构应加强值班，跟踪台风动向，并将有关信息及时向社会发布。

(3) 水利部门应根据台风影响的范围，及时通知有关水库、主要湖泊和河道堤防管理单位，做好防范工作。各工程管理单位应组织人员分析水情和台风带来的影响，加强工程检查，必要时实施预泄预排措施。

(4) 预报将受台风影响的沿海地区，当地防汛抗旱指挥机构应及时通知相关部门和人员做好防台风工作。

(5) 加强对城镇危房、在建工地、仓库、交通道路、电信电缆、电力电线、户外广告牌等公用设施的检查和采取加固措施，组织船只回港避风和沿海养殖人员撤离工作。

3.2.6 蓄滞洪区预警

(1) 蓄滞洪区管理单位应拟订群众安全转移方案。

(2) 蓄滞洪区工程管理单位应加强工程运行监测，发现问题及时处理，并报告上级主管部门和同级防汛抗旱指挥机构。

(3) 运用蓄滞洪区，当地人民政府和防汛抗旱指挥机构应把人民的生命安全放在首位，迅速启动预警系统，按照群众安全转移方案实施转移。

3.2.7 干旱灾害预警

(1) 各级防汛抗旱指挥机构应针对干旱灾害的成因、特点，因地制宜采取预警防范措施。

(2) 各级防汛抗旱指挥机构应建立健全旱情监测网络和干旱灾害统计队伍，随时掌握实时旱情灾情，并预测干旱发展趋势，根据不同干旱等级，提出相应对策，为抗旱指挥决策提供科学依据。

(3) 各级防汛抗旱指挥机构应当加强抗旱服务网络建设，鼓励和支持社会力量开展多种形式的社会化服务组织建设，以防范干旱灾害的发生和蔓延。

3.2.8 供水危机预警

当因供水水源短缺或被破坏、供水线路中断、供水水质被侵害等原因而出现供水危机，由当地防汛抗旱指挥机构向社会公布预警，居民、企事业单位做好储备应急用水的准备，有关部门做好应急供水的准备。

3.3 预警支持系统

3.3.1 洪水、干旱风险图

（1）各级防汛抗旱指挥机构应组织工程技术人员，研究绘制本地区的城市洪水风险图、蓄滞洪区洪水风险图、流域洪水风险图、山洪灾害风险图、水库洪水风险图和干旱风险图。

（2）防汛抗旱指挥机构应以各类洪水、干旱风险图作为抗洪抢险救灾、群众安全转移安置和抗旱救灾决策的技术依据。

3.3.2 防御洪水方案

防汛抗旱指挥机构应根据需要，编制和修订防御江河洪水方案，主动应对江河洪水。

3.3.3 抗旱预案

各级防汛抗旱指挥机构应编制抗旱预案，以主动应对不同等级的干旱灾害。

4 应急响应

4.1 应急响应的总体要求

4.1.1 按洪涝、旱灾的严重程度和范围，将应急响应行动分为四级。

4.1.2 进入汛期、旱期，各级防汛抗旱指挥机构应实行24小时值班制度，全程跟踪雨情、水情、工情、旱情、灾情，并根据不同情况启动相关应急程序。

4.1.3　国务院和国家防总或流域防汛指挥机构负责关系重大的水利、防洪工程调度；其他水利、防洪工程的调度由所属地方人民政府和防汛抗旱指挥机构负责，必要时，视情况由上一级防汛抗旱指挥机构直接调度。防总各成员单位应按照指挥部的统一部署和职责分工开展工作并及时报告有关工作情况。

4.1.4　洪涝、干旱等灾害发生后，由地方人民政府和防汛抗旱指挥机构负责组织实施抗洪抢险、排涝、抗旱减灾和抗灾救灾等方面的工作。

4.1.5　洪涝、干旱等灾害发生后，由当地防汛抗旱指挥机构向同级人民政府和上级防汛抗旱指挥机构报告情况。造成人员伤亡的突发事件，可越级上报，并同时报上级防汛抗旱指挥机构。任何个人发现堤防、水库发生险情时，应立即向有关部门报告。

4.1.6　对跨区域发生的水旱灾害，或者突发事件将影响到邻近行政区域的，在报告同级人民政府和上级防汛抗旱指挥机构的同时，应及时向受影响地区的防汛抗旱指挥机构通报情况。

4.1.7　因水旱灾害而衍生的疾病流行、水陆交通事故等次生灾害，当地防汛抗旱指挥机构应组织有关部门全力抢救和处置，采取有效措施切断灾害扩大的传播链，防止次生或衍生灾害的蔓延，并及时向同级人民政府和上级防汛抗旱指挥机构报告。

4.2　Ⅰ级应急响应

4.2.1　出现下列情况之一者，为Ⅰ级响应

（1）某个流域发生特大洪水；

（2）多个流域同时发生大洪水；

（3）大江大河干流重要河段堤防发生决口；

（4）重点大型水库发生垮坝；

(5) 多个省(区、市)发生特大干旱；

(6) 多座大型以上城市发生极度干旱。

4.2.2 Ⅰ级响应行动

(1) 国家防总总指挥主持会商，防总成员参加。视情启动国务院批准的防御特大洪水方案，作出防汛抗旱应急工作部署，加强工作指导，并将情况上报党中央、国务院。国家防总密切监视汛情、旱情和工情的发展变化，做好汛情、旱情预测预报，做好重点工程调度，并在24小时内派专家组赴一线加强技术指导。国家防总增加值班人员，加强值班，每天在中央电视台发布《汛(旱)情通报》，报道汛(旱)情及抗洪抢险、抗旱措施。财政部门为灾区及时提供资金帮助。国家防总办公室为灾区紧急调拨防汛抗旱物资；铁路、交通、民航部门为防汛抗旱物资运输提供运输保障。民政部门及时救助受灾群众。卫生部门根据需要，及时派出医疗卫生专业防治队伍赴灾区协助开展医疗救治和疾病预防控制工作。国家防总其他成员单位按照职责分工，做好有关工作。

(2) 相关流域防汛指挥机构按照权限调度水利、防洪工程；为国家防总提供调度参谋意见。派出工作组、专家组，支援地方抗洪抢险、抗旱。

(3) 相关省、自治区、直辖市的流域防汛指挥机构，省、自治区、直辖市的防汛抗旱指挥机构启动Ⅰ级响应，可依法宣布本地区进入紧急防汛期，按照《中华人民共和国防洪法》的相关规定，行使权力。同时，增加值班人员，加强值班，动员部署防汛抗旱工作；按照权限调度水利、防洪工程；根据预案转移危险地区群众，组织强化巡堤查险和堤防防守，及时控制险情，或组织强化抗旱工作。受灾地区的各级防汛抗旱指挥机构负责人、成员单位负责人，应按照职责到分管的区域组织指挥防汛抗旱工作，或驻点具体帮助重灾区做好防汛抗旱工作。各省、自治区、直辖市的防汛抗旱指挥机构应将工作情况上报当地人民政府和国家防总。相关省、自治区、直辖市的防汛抗旱指挥机构成员单位全力配合做好防汛抗旱和抗灾救灾工作。

4.3 Ⅱ级应急响应

4.3.1 出现下列情况之一者，为Ⅱ级响应

(1) 一个流域发生大洪水；

(2) 大江大河干流一般河段及主要支流堤防发生决口；

(3) 数省(区、市)多个市(地)发生严重洪涝灾害；

(4) 一般大中型水库发生垮坝；

(5) 数省(区、市)多个市(地)发生严重干旱或一省(区、市)发生特大干旱；

(6) 多个大城市发生严重干旱，或大中城市发生极度干旱。

4.3.2 Ⅱ级响应行动

(1) 国家防总副总指挥主持会商，作出相应工作部署，加强防汛抗旱工作指导，在2小时内将情况上报国务院并通报国家防总成员单位。国家防总加强值班，密切监视汛情、旱情和工情的发展变化，做好汛情旱情预测预报，做好重点工程的调度，并在24小时内派出由防总成员单位组成的工作组、专家组赴一线指导防汛抗旱。国家防总办公室不定期在中央电视台发布汛(旱)情通报。民政部门及时救助灾民。卫生部门派出医疗队赴一线帮助医疗救护。国家防总其他成员单位按照职责分工，做好有关工作。

(2) 相关流域防汛指挥机构密切监视汛情、旱情发展变化，做好洪水预测预报，派出工作组、专家组，支援地方抗洪抢险、抗旱；按照权限调度水利、防洪工程；为国家防总提供调度参谋意见。

(3) 相关省、自治区、直辖市防汛抗旱指挥机构可根据情况，依法宣布本地区进入紧急防汛期，行使相关权力。同时，增加值班人员，加强值班。防汛抗旱指挥机构具体安排防汛抗旱工作，按照权限调度水利、防洪工程，根据预案组织加强防守巡查，及时控制险情，或组织加强抗旱工作。受灾地区的各级防汛抗旱指挥机构负责人、成员单位负责人，应按照职责到分管的区域组织指挥防汛抗旱工作。相关省级防汛抗旱指挥机构应将工作情况上报当地人民政府主要领导和国家防总。相关省、自治区、直辖市的防汛抗旱指挥机构成员单位全力配合做好防汛抗旱和抗灾救灾工作。

4.4 Ⅲ级应急响应

4.4.1 出现下列情况之一者，为Ⅲ级响应

(1) 数省(区、市)同时发生洪涝灾害；

(2) 一省(区、市)发生较大洪水；

(3) 大江大河干流堤防出现重大险情；

(4) 大中型水库出现严重险情或小型水库发生垮坝；

(5) 数省(区、市)同时发生中度以上的干旱灾害；

(6) 多座大型以上城市同时发生中度干旱；

(7) 一座大型城市发生严重干旱。

4.4.2 Ⅲ级响应行动

(1) 国家防总秘书长主持会商，作出相应工作安排，密切监视汛情、旱情发展变化，加强防汛抗旱工作的指导，在2小时内将情况上报国务院并通报国家防总成员单位。国家防总办公室在24小时内派出工作组、专家组，指导地方防汛抗旱。

(2) 相关流域防汛指挥机构加强汛(旱)情监视，加强洪水预测预报，做好相关工程调度，派出工作组、专家组到一线协助防

汛抗旱。

(3) 相关省、自治区、直辖市的防汛抗旱指挥机构具体安排防汛抗旱工作；按照权限调度水利、防洪工程；根据预案组织防汛抢险或组织抗旱，派出工作组、专家组到一线具体帮助防汛抗旱工作，并将防汛抗旱的工作情况上报当地人民政府分管领导和国家防总。省级防汛指挥机构在省级电视台发布汛(旱)情通报；民政部门及时救助灾民。卫生部门组织医疗队赴一线开展卫生防疫工作。其他部门按照职责分工，开展工作。

4.5 Ⅳ级应急响应

4.5.1 出现下列情况之一者，为Ⅳ级响应

(1) 数省(区、市)同时发生一般洪水；

(2) 数省(区、市)同时发生轻度干旱；

(3) 大江大河干流堤防出现险情；

(4) 大中型水库出现险情；

(5) 多座大型以上城市同时因旱影响正常供水。

4.5.2 Ⅳ级响应行动

(1) 国家防总办公室常务副主任主持会商，作出相应工作安排，加强对汛(旱)情的监视和对防汛抗旱工作的指导，并将情况上报国务院并通报国家防总成员单位。

(2) 相关流域防汛指挥机构加强汛情、旱情监视，做好洪水预测预报，并将情况及时报国家防总办公室。

(3) 相关省、自治区、直辖市的防汛抗旱指挥机构具体安排防汛抗旱工作；按照权限调度水利、防洪工程；按照预案采取相应防守措施或组织抗旱；派出专家组赴一线指导防汛抗旱工作；并将防汛抗旱的工作情况上报当地人民政府和国家防总办公室。

4.6 信息报送和处理

4.6.1 汛情、旱情、工情、险情、灾情等防汛抗旱信息实行分级上报，归口处理，同级共享。

4.6.2 防汛抗旱信息的报送和处理，应快速、准确、翔实，重要信息应立即上报，因客观原因一时难以准确掌握的信息，应及时报告基本情况，同时抓紧了解情况，随后补报详情。

4.6.3 属一般性汛情、旱情、工情、险情、灾情，按分管权限，分别报送本级防汛抗旱指挥机构值班室负责处理。凡因险情、灾情较重，按分管权限一时难以处理，需上级帮助、指导处理的，经本级防汛抗旱指挥机构负责同志审批后，可向上一级防汛抗旱指挥机构值班室上报。

4.6.4 凡经本级或上级防汛抗旱指挥机构采用和发布的水旱灾害、工程抢险等信息，当地防汛抗旱指挥机构应立即调查，对存在的问题，及时采取措施，切实加以解决。

4.6.5 国家防总办公室接到特别重大、重大的汛情、旱情、险情、灾情报告后应立即报告国务院，并及时续报。

4.7 指挥和调度

4.7.1 出现水旱灾害后，事发地的防汛抗旱指挥机构应立即启动应急预案，并根据需要成立现场指挥部。在采取紧急措施的同时，向上一级防汛抗旱指挥机构报告。根据现场情况，及时收集、掌握相关信息，判明事件的性质和危害程度，并及时上报事态的发展变化情况。

4.7.2 事发地的防汛抗旱指挥机构负责人应迅速上岗到位，分析事件的性质，预测事态发展趋势和可能造成的危害程度，并按规定的处置程序，组织指挥有关单位或部门按照职责分工，迅速采取处置措施，控制事态发展。

4.7.3　发生重大水旱灾害后，上一级防汛抗旱指挥机构应派出工作组赶赴现场指导工作，必要时成立前线指挥部。

4.8　抢险救灾

4.8.1　出现水旱灾害或防洪工程发生重大险情后，事发地的防汛抗旱指挥机构应根据事件的性质，迅速对事件进行监控、追踪，并立即与相关部门联系。

4.8.2　事发地的防汛抗旱指挥机构应根据事件具体情况，按照预案立即提出紧急处置措施，供当地政府或上一级相关部门指挥决策。

4.8.3　事发地防汛抗旱指挥机构应迅速调集本部门的资源和力量，提供技术支持；组织当地有关部门和人员，迅速开展现场处置或救援工作。大江大河干流堤防决口的堵复、水库重大险情的抢护应按照事先制定的抢险预案进行，并由防汛机动抢险队或抗洪抢险专业部队等实施。

4.8.4　处置水旱灾害和工程重大险情时，应按照职能分工，由防汛抗旱指挥机构统一指挥，各单位或各部门应各司其职，团结协作，快速反应，高效处置，最大程度地减少损失。

4.9　安全防护和医疗救护

4.9.1　各级人民政府和防汛抗旱指挥机构应高度重视应急人员的安全，调集和储备必要的防护器材、消毒药品、备用电源和抢救伤员必备的器械等，以备随时应用。

4.9.2　抢险人员进入和撤出现场由防汛抗旱指挥机构视情况作出决定。抢险人员进入受威胁的现场前，应采取防护措施以保证自身安全。参加一线抗洪抢险的人员，必须穿救生衣。当现场受到污染时，应按要求为抢险人员配备防护设施，撤离时应进行消毒、去污处理。

4.9.3　出现水旱灾害后，事发地防汛抗旱指挥机构应及时做好群众的救援、转移和疏散工作。

4.9.4　事发地防汛抗旱指挥机构应按照当地政府和上级领导机构的指令，及时发布通告，防止人、畜进入危险区域或饮用被污染的水源。

4.9.5　对转移的群众，由当地人民政府负责提供紧急避难场所，妥善安置灾区群众，保证基本生活。

4.9.6　出现水旱灾害后，事发地人民政府和防汛抗旱指挥机构应组织卫生部门加强受影响地区的疾病和突发公共卫生事件监测、报告工作，落实各项防病措施，并派出医疗小分队，对受伤的人员进行紧急救护。必要时，事发地政府可紧急动员当地医疗机构在现场设立紧急救护所。

4.10　社会力量动员与参与

4.10.1　出现水旱灾害后，事发地的防汛抗旱指挥机构可根据事件的性质和危害程度，报经当地政府批准，对重点地区和重点部位实施紧急控制，防止事态及其危害的进一步扩大。

4.10.2　必要时可通过当地人民政府广泛调动社会力量积极参与应急突发事件的处置，紧急情况下可依法征用、调用车辆、物资、人员等，全力投入抗洪抢险。

4.11　信息发布

4.11.1　防汛抗旱的信息发布应当及时、准确、客观、全面。

4.11.2　汛情、旱情及防汛抗旱动态等，由国家防总统一审核和发布；涉及水旱灾情的，由国家防办会同民政部审核和发布。

4.11.3　信息发布形式主要包括投权发布、散发新闻稿、组织报道、接受记者采访、举行新闻发布会等。

4.11.4　地方信息发布：重点汛区、灾区和发生局部汛情的地方，其汛情、旱情及防汛抗旱动态等信息，由各地防汛抗旱指挥机构审核和发布；涉及水旱灾情的，由各地防汛指挥部办公室会同民政部门审核和发布。

4.12　**应急结束**

4.12.1　当洪水灾害、极度缺水得到有效控制时，事发地的防汛抗旱指挥机构可视汛情旱情，宣布结束紧急防汛期或紧急抗旱期。

4.12.2　依照有关紧急防汛、抗旱期规定征用、调用的物资、设备、交通运输工具等，在汛期、抗旱期结束后应当及时归还；造成损坏或者无法归还的，按照国务院有关规定给予适当补偿或者作其他处理。

4.12.3　紧急处置工作结束后，事发地防汛抗旱指挥机构应协助当地政府进一步恢复正常生活、生产、工作秩序，修复水毁基础设施，尽可能减少突发事件带来的损失和影响。

5　应急保障

5.1　通信与信息保障

5.1.1　任何通信运营部门都有依法保障防汛抗旱信息畅通的责任。

5.1.2　防汛抗旱指挥机构应按照以公用通信网为主的原则，合理组建防汛专用通信网络，确保信息畅通。

5.1.3　出现突发事件后，通信部门应启动应急通信保障预案，迅速调集力量抢修损坏的通信设施，努力保证防汛抗旱通信畅通。必要时，调度应急通信设备，为防汛通信和现场指挥提供通信保障。

5.1.4 在紧急情况下，应充分利用公共广播和电视等媒体以及手机短信等手段发布信息，通知群众快速撤离，确保人民生命的安全。

5.2 应急支援与装备保障

5.2.1 现场救援和工程抢险保障

（1）对历史上的重点险工险段或易出险的水利工程设施，应提前编制工程应急抢险预案，以备紧急情况下因险施策；当出现新的险情后，应派工程技术人员赶赴现场，研究优化除险方案，并由防汛行政首长负责组织实施。

（2）防汛抗旱指挥机构和防洪工程管理单位以及受洪水威胁的其他单位，储备的常规抢险机械、抗旱设备、物资和救生器材，应能满足抢险急需。

5.2.2 应急队伍保障

任何单位和个人都有依法参加防汛抗洪的义务。解放军、武警部队和民兵是抗洪抢险的重要力量。防汛抢险队伍分为：群众抢险队伍、非专业部队抢险队伍和专业抢险队伍。

在抗旱期间，地方各级人民政府和防汛抗旱指挥机构应组织动员社会公众力量投入抗旱救灾工作。

5.2.3 供电保障

电力部门主要负责抗洪抢险、抢排渍涝、抗旱救灾等方面的供电需要和应急救援现场的临时供电。

5.2.4 交通运输保障

交通运输部门主要负责优先保证防汛抢险人员、防汛抗旱救灾物资运输；蓄滞洪区分洪时，负责群众安全转移所需地方车辆、船舶的调配；负责分泄大洪水时河道航行和渡口的安全；负责大洪水时用于抢险、救灾车辆、船舶的及时调配。

5.2.5 医疗保障

医疗卫生防疫部门主要负责水旱灾区疾病防治的业务技术指导；组织医疗卫生队赴灾区巡医问诊，负责灾区防疫消毒、抢救伤员等工作。

5.2.6 治安保障

公安部门主要负责做好水旱灾区的治安管理工作，依法严厉打击破坏抗洪抗旱救灾行动和工程设施安全的行为，保证抗灾救灾工作的顺利进行；负责组织搞好防汛抢险、分洪爆破时的戒严、警卫工作，维护灾区的社会治安秩序。

5.2.7 物资保障

防汛抗旱指挥机构、重点防洪工程管理单位以及受洪水威胁的其他单位应按规范储备防汛抢险物资，并做好生产流程和生产能力储备的有关工作。防汛物资管理部门应及时掌握新材料、新设备的应用情况，及时调整储备物资品种，提高科技含量。

干旱频繁发生地区县级以上地方人民政府应当贮备一定数量的抗旱物资，由本级防汛抗旱指挥机构负责调用。

严重缺水城市应当建立应急供水机制，建设应急供水备用水源。

5.2.8 资金保障

(1) 中央财政安排特大防汛抗旱补助费，用于补助遭受特大水旱灾害的省、自治区、直辖市，以及计划单列市、新疆生产建设兵团进行防汛抢险、抗旱及中央直管的大江大河防汛抢险。省、自治区、直辖市人民政府应当在本级财政预算中安排资金，用于本行政区域内遭受严重水旱灾害的工程修复补助。

(2) 国家设立中央水利建设基金，专项用于大江大河重点治理工程维护和建设，以及其他规定的水利工程的维护和建设。

5.2.9 社会动员保障

（1）防汛抗旱是社会公益性事业，任何单位和个人都有保护水利工程设施和防汛抗旱的责任。

（2）汛期或旱季，各级防汛抗旱指挥机构应根据水旱灾害的发展，做好动员工作，组织社会力量投入防汛抗旱。

（3）各级防汛抗旱指挥机构的组成部门，在严重水旱灾害期间，应按照分工，特事特办，急事急办，解决防汛抗旱的实际问题，同时充分调动本系统的力量，全力支持抗灾救灾和灾后重建工作。

（4）各级人民政府应加强对防汛抗旱工作的统一领导，组织有关部门和单位，动员全社会的力量，做好防汛抗旱工作。在防汛抗旱的关键时刻，各级防汛抗旱行政首长应靠前指挥，组织广大干部群众奋力抗灾减灾。

5.3 技术保障

建设国家防汛抗旱指挥系统，形成覆盖国家防总、流域机构和各省、自治区、直辖市防汛抗旱部门的计算机网络系统，提高信息传输的质量和速度。

各级防汛抗旱指挥机构应建立专家库，当发生水旱灾害时，由防汛抗旱指挥机构统一调度，派出专家组，指导防汛抗旱工作。

5.4 宣传、培训和演习

5.4.1 公众信息交流

（1）汛情、旱情、工情、灾情及防汛抗旱工作等方面的公众信息交流，实行分级负责制，一般公众信息可通过媒体向社会发布。

（2）当主要江河发生超警戒水位以上洪水，呈上涨趋势；山区发生暴雨山洪，造成较为严重影响；出现大范围的严重旱情，并呈发展趋势时，按分管权限，由本地区的防汛抗旱指挥部统一发布汛情、旱情通报，以引起社会公众关注，参与防汛抗旱救灾工作。

5.4.2 培训

（1）采取分级负责的原则，由各级防汛抗旱指挥机构统一组织培训。

（2）培训工作应做到合理规范课程、考核严格、分类指导，保证培训工作质量。

（3）培训工作应结合实际，采取多种组织形式，定期与不定期相结合，每年汛前至少组织一次培训。

5.4.3 演习

（1）各级防汛抗旱指挥机构应定期举行不同类型的应急演习，以检验、改善和强化应急准备和应急响应能力。

（2）专业抢险队伍必须针对当地易发生的各类险情有针对性地每年进行抗洪抢险演习。

（3）多个部门联合进行的专业演习，一般2~3年举行一次，由省级防汛抗旱指挥机构负责组织。

6 善后工作

发生水旱灾害的地方人民政府应组织有关部门做好灾区生活供给、卫生防疫、救灾物资供应、治安管理、学校复课、水毁修复、恢复生产和重建家园等善后工作。

6.1 救灾

6.1.1 民政部门负责受灾群众生活救助。应及时调配救灾款物，组织安置受灾群众，做好受灾群众临时生活安排，负责受灾群众倒塌房屋的恢复重建，保证灾民有粮吃、有衣穿、有房住，切实解决受灾群众的基本生活问题。

6.1.2　卫生部门负责调配医务技术力量，抢救因灾伤病人员，对污染源进行消毒处理，对灾区重大疫情、病情实施紧急处理，防止疫病的传播、蔓延。

6.1.3　当地政府应组织对可能造成环境污染的污染物进行清除。

6.2　防汛抢险物料补充

针对当年防汛抢险物料消耗情况，按照分级筹措和常规防汛的要求，及时补充到位。

6.3　水毁工程修复

6.3.1　对影响当年防洪安全和城乡供水安全的水毁工程，应尽快修复。防洪工程应力争在下次洪水到来之前，做到恢复主体功能；抗旱水源工程应尽快恢复功能。

6.3.2　遭到毁坏的交通、电力、通信、水文以及防汛专用通信设施，应尽快组织修复，恢复功能。

6.4　蓄滞洪区补偿

全国重点蓄滞洪区分洪运用后，按照《蓄滞洪区补偿暂行办法》进行补偿。其他蓄滞洪区由地方人民政府参照《蓄滞洪区补偿暂行办法》补偿。

6.5　灾后重建

各相关部门应尽快组织灾后重建工作。灾后重建原则上按原标准恢复，在条件允许情况下，可提高标准重建。

6.6　防汛抗旱工作评价

每年各级防汛抗旱部门应针对防汛抗旱工作的各个方面和环节进行定性和定量的总结、分析、评估。引进外部评价机制，征求社会各界和群众对防汛抗旱工作的意见和建议，总结经验，找出问题，从防洪抗旱工程的规划、设计、运行、管理以及防汛抗旱工作的各个方面提出改进建议，以进一步做好防汛抗旱工作。

7　附则

7.1　名词术语定义

7.1.1　洪水风险图：是融合地理、社会经济信息、洪水特征信息，通过资料调查、洪水计算和成果整理，以地图形式直观反映某一地区发生洪水后可能淹没的范围和水深，用以分析和预评估不同量级洪水可能造成的风险和危害的工具。

7.1.2　干旱风险图：是融合地理、社会经济信息、水资源特征信息，通过资料调查、水资源计算和成果整理，以地图形式直观反映某一地区发生干旱后可能影响的范围，用以分析和预评估不同干旱等级造成的风险和危害的工具。

7.1.3　防御洪水方案：是有防汛抗洪任务的县级以上地方人民政府根据流域综合规划、防洪工程实际状况和国家规定的防洪标准，制定的防御江河洪水(包括对特大洪水)、山洪灾害(山洪、泥石流、滑坡等)、台风暴潮灾害等方案的统称。

7.1.4　抗旱预案：是在现有工程设施条件和抗旱能力下，针对不同等级、程度的干旱，而预先制定的对策和措施，是各级防汛抗旱指挥部门实施指挥决策的依据。

7.1.5　抗旱服务组织：是由水利部门组建的事业性服务实体，以抗旱减灾为宗旨，围绕群众饮水安全、粮食用水安全、经济发展用水安全和生态环境用水安全开展抗旱服务工作。国家支持和鼓励社会力量兴办各种形式的抗旱社会化服务组织。

7.1.6　一般洪水：洪峰流量或洪量的重现期5~10年一遇的洪水。

7.1.7　较大洪水：洪峰流量或洪量的重现期10~20年一遇的洪水。

7.1.8　大洪水：洪峰流量或洪量的重现期20~50年一遇的洪水。

7.1.9　特大洪水：洪峰流量或洪量的重现期大于50年一遇的洪水。

7.1.10　轻度干旱：受旱区域作物受旱面积占播种面积的比例在30%以下；以及因旱造成农（牧）区临时性饮水困难人口占所在地区人口比例在20%以下。

7.1.11　中度干旱：受旱区域作物受旱面积占播种面积的比例达31%~50%；以及因旱造成农（牧）区临时性饮水困难人口占所在地区人口比例达21%~40%。

7.1.12　严重干旱：受旱区域作物受旱面积占播种面积的比例达51%~80%；以及因旱造成农（牧）区临时性饮水困难人口占所在地区人口比例达41%~60%。

7.1.13　特大干旱：受旱区域作物受旱面积占播种面积的比例在80%以上；以及因旱造成农（牧）区临时性饮水困难人口占所在地区人口比例高于60%。

7.1.14　城市干旱：因遇枯水年造成城市供水水源不足，或者由于突发性事件使城市供水水源遭到破坏，导致城市实际供水能力低于正常需求，致使城市实际供水能力低于正常需求，致使城市的生产、生活和生态环境受到影响。

7.1.15　城市轻度干旱：因旱城市供水量低于正常需求量的5%~10%，出现缺水现象，居民生活、生产用水受到一定程度影响。

7.1.16　城市中度干旱：因旱城市供水量低于正常日用水量的10%~20%，出现明显的缺水现象，居民生活、生产用水受到较大影响。

7.1.17　城市重度干旱：因旱城市供水量低于正常日用水量的20%~30%，出现明显缺水现象，城市生活、生产用水受到严重影响。

7.1.18　城市极度干旱：因旱城市供水量低于正常日用水量的30%，出现极为严重的缺水局面或发电供水危机，城市生活、生产用水受到极大影响。

7.1.19　大型城市：指非农业人口在50万以上的城市。

7.1.20　紧急防汛期：根据《中华人民共和国防洪法》规定，当江河、湖泊的水情接近保证水位或者安全流量，水库水位接近设计洪水位，或者防洪工程设施发生重大险情时，有关县级以上人民政府防汛指挥机构可以宣布进入紧急防汛期。

本预案有关数量的表述中，“以上”含本数，“以下”不含本数。

7.2　预案管理与更新

本预案由国家防总办公室负责管理，并负责组织对预案进行评估。每5年对本预案评审一次，并视情况变化作出相应修改。各流域管理机构，各省、自治区、直辖市防汛抗旱指挥机构根据本预案制定相关江河、地区和重点工程的防汛抗旱应急预案。

7.3　国际沟通与协作

积极开展国际间的防汛抗旱减灾交流，借鉴发达国家防汛抗旱减灾工作的经验，进一步做好我国水旱灾害突发事件防范与处置工作。

7.4 奖励与责任追究

对防汛抢险和抗旱工作作出突出贡献的劳动模范、先进集体和个人，由人事部和国家防总联合表彰；对防汛抢险和抗旱工作中英勇献身的人员，按有关规定追认为烈士；对防汛抗旱工作中玩忽职守造成损失的，依据《中华人民共和国防洪法》、《中华人民共和国防汛条例》、《公务员管理条例》追究当事人的责任，并予以处罚，构成犯罪的，依法追究其刑事责任。

7.5 预案实施时间

本预案自印发之日起实施。

附录三

黄河流域抗旱预案(试行)

一、编制依据

根据国家防办《关于印发〈抗旱预案编制大纲〉的通知》(办旱[2006]6号)要求和《黄河水量调度条例》、《黄河水量调度条例实施细则(试行)》的规定,为提高抗旱工作的计划性、主动性和应变能力,减轻旱灾影响和损失,保障黄河流域及供水区经济发展及生活、生产和生态环境用水安全,编制《黄河流域抗旱预案(试行)》(以下简称《预案》)。

二、《预案》解决的主要问题

(一)建立和规范抗旱组织指挥机制和程序;

(二)建立旱情信息监测、处理、上报和发布机制,掌握旱情发展动态;

(三)制定旱情紧急情况和黄河水量调度突发事件的判别标准和应对措施,防止黄河断流,保障黄河流域供水安全和生态安全;

(四)明确黄河防汛抗旱总指挥部、黄河水利委员会、沿黄有关省(区)防汛抗旱指挥机构、水库管理单位抗旱工作职责。

三、抗旱工作原则

(一)坚持依法抗旱,依据《中华人民共和国水法》、《黄河水量调度条例》、《中华人民共和国突发事件应对法》等法律法规，以及国家赋予有关各方的职责开展抗旱工作。

（二）实行行政首长和主要领导负责制，统一指挥，分级分部门负责。

（三）突出流域特点，以应对黄河流域及供水区严重和特大干旱、重要水功能区生态危机和小流量事件为重点。

（四）以国家确定的黄河水量分配方案和年度水量调度计划为基础，严格实行总量控制和用水计划管理，针对严重干旱、特大干旱等情况，统筹调配省（区）间可供水量，实施多年调节水库补水。

（五）以防为主，防抗结合，注重旱情信息监测和上报，鼓励节约用水和加强抗旱能力建设。

（六）坚持以人为本，确保城乡居民生活用水安全。

（七）注重生态文明，重视河道生态和沿黄地区生态用水，推进生态调度，为建设生态环境良好型流域提供支撑。

（八）注重预案体系和协商、会商机制建设，注重发挥专家作用和强化科技支撑。

（九）有效利用和节约社会资源，区别不同情况，根据需要可采取局部响应。

（十）注重预案的针对性和可操作性。

四、职责界定

以《黄河水量调度条例》和《黄河防汛抗旱总指挥部职责》及《黄河防汛抗旱总指挥部办公室职责》为依据，结合流域旱情特点和抗旱任务，对有关各方的职责进行界定和细化分解。

黄河防汛抗旱总指挥部：贯彻落实国家有关抗旱工作的方

针政策和法律法规；组织拟订黄河流域防汛抗旱相关规章制度，并监督实施；组织、协调、监督、指导黄河流域的抗旱工作，重点会同有关省(区)和水库管理单位加强黄河干流及重要跨省(区)支流河道、水库等重大工程和非工程措施的抗旱管理；按照规定和授权负责对黄河流域重要的水利、水电工程、涵闸等实施抗旱调度；协调解决黄河干流及跨省(区)支流涉及重大抗旱工作的水事纠纷；掌握黄河流域重要旱情和灾情，组织流域旱情紧急情况下的会商会议；提出黄河流域抗旱决策部署和调度意见，指导、协调、监督黄河流域抗旱减灾工作；承办国家防总交办的其他事项。

黄河水利委员会：编制黄河水量调度计划、调度方案和实时调度指令，并组织实施和监督检查；全面掌握旱情信息，发布黄河流域旱情预警信息；指导省(区)抗旱工作；向水利部和黄河防汛抗旱总指挥部报告旱情动态，并提供参谋意见。

省(区)防汛抗旱指挥机构：编制辖区内旱情紧急情况下的应急抗旱预案，实施辖区内黄河干(支)流水量应急调度，负责旱情、墒情、水情、重要水功能区生态信息的监测、统计、上报；实施辖区内多种水资源的联合配置、备用水源的预筹和启用，组织辖区内抗旱措施的落实等。

水库管理单位：按照黄河防总或黄河水利委员会的调度指令控制水库泄流，保障抗旱水源。

部队：在黄河流域及供水区发生特大旱灾和供水危机时进行支援。

五、事件分类、等级划分及响应措施

(一) 事件分类

根据黄河流域及供水区水情和旱情，预案主要处置事件分为以下三类：一是流域及供水区发生大范围严重干旱或城市供水危机(即区域干旱)；二是供水期来水与水库蓄水严重偏少，生活、生产及生态用水出现困难(即可供水量不足)；三是黄河干流或重要支流控制断面预测即将发生或已发生预警流量(即断面预警)。

(二) 等级划分及相应措施

根据事件严重程度和影响范围，各类事件分红、橙、黄、蓝四个预警等级和Ⅰ、Ⅱ、Ⅲ、Ⅳ四级响应行动。

1. 区域干旱

(1) 出现下列情况之一者，为Ⅳ级响应

①黄河流域及供水区一个省(区)发生严重干旱；

②黄河流域及供水区多个省(区)同时发生中度干旱；

③黄河流域及供水区重要自然保护区发生严重干旱。

(2) 出现下列情况之一者，为Ⅲ级响应

①黄河流域及供水区一个省(区)发生特大干旱；

②黄河流域及供水区二个省(区)同时发生严重干旱。

(3) 出现下列情况之一者，为Ⅱ级响应

①黄河流域及供水区二个省(区)发生特大干旱；

②黄河流域及供水区多个省(区)同时发生严重干旱；

③黄河流域及供水区多座大中型城市同时发生特大干旱，或个别大中城市发生极度干旱。

(4) 出现下列情况之一者，为Ⅰ级响应

①黄河流域及供水区多个省(区)发生特大干旱；

②黄河流域及供水区多座大中城市发生极度干旱。

区域干旱等级参照国家防办《干旱评估标准(试行)》，结合黄河流域及供水区实际情况确定。

黄河流域及供水区的多数省(区)跨不同流域，当省(区)内不同流域旱情差异较大时，旱情等级应主要依据本流域及供水区旱情确定。

黄河流域及供水区地域范围大，执行中根据旱情发生的特定区域，视情况实施局部预警和响应。

对于区域干旱事件，黄河防汛抗旱总指挥部定期或不定期组织召开会议，研究部署抗旱重要工作，协调解决流域抗旱的有关问题，向国家防总报告流域抗旱工作情况，发布和解除旱情预警信息，必要时派出工作组指导抗旱工作。

黄河水利委员会主要是加强与有关省(区)的联系，密切关注水情、墒情和旱情，加强对地方水量调度工作的指导，积极筹措水源，协调审批计划外用水。

省(区)防汛抗旱指挥机构在加强黄河干支流水量和工程的统一调度、科学配水、挖潜当地水资源潜力和确保城乡居民生活用水的前提下，保证重点用水户的用水，及时监测报送水情、墒情和灾情信息，发生特大旱灾和供水危机时请求部队支援。

水库管理单位，严格执行黄河水利委员会的调度指令，保证泄流精度，保障抗旱水源。

2.可供水量不足

(1) 可供水量比正常年份少30%~40%(含30%)，为Ⅳ级响应；

(2) 可供水量比正常年份少40%~50%(含40%)，为Ⅲ级响应；

(3) 可供水量比正常年份少50%~60%(含50%)，可能动用骨干水库死库容支持抗旱，为Ⅱ级响应；

（4）可供水量比正常年份少60%及其以上，或需动用骨干水库死库容支持抗旱，为Ⅰ级响应。

此类事件预警及响应级别将随着水文及相关部门对后期黄河可供水量预报的调整而调整或解除，可采取局部时段的预警和响应。对于Ⅲ、Ⅳ级响应可以根据情况在春灌开始前宣布响应。

对于可供水量不足的事件，黄河水利委员会主要是负责编制水量调度计划，及时通报水情，进行精细调度，加强对地方水量调度工作的指导。

省(区)防汛抗旱指挥机构负责及时掌握黄河水情，细化用水指标，调整产业结构，推进节水措施，挖潜当地水资源潜力，实行科学配水，重点配水。

水库管理单位应严格执行黄河防总或黄河水利委员会的调度指令，保证泄流精度。

3.断面预警

（1）出现下列情况之一者，为Ⅳ级响应

①预测黄河干流一个控制断面即将出现预警流量；

②重要支流省界断面或入黄断面流量达到或即将达到规定的最小流量指标。

（2）出现下列情况之一者，为Ⅲ级响应

①黄河干流一个控制断面出现预警流量；

②重要支流省界或入黄断面发生或可能发生断流。

（3）出现下列情况之一者，为Ⅱ级响应

①黄河干流同一河段连续两个控制断面发生预警流量；

②黄河干流同一河段同时多个控制断面发生预警流量，黄河出现断流危机。

（4）出现下列情况之一者，为Ⅰ级响应

①黄河干流上中下游河段同时多个控制断面出现预警流量；

②黄河干流发生断流。

根据该类事件发生的河段和具体的某条支流，可采取某一河段和具体某一支流的预警，并在相关区域采取响应行动。

对于断面预警或断流的事件，黄河水利委员会主要是强化实时调度，加强对水量调度指令的监督检查。

省(区)防汛抗旱指挥机构主要是强化行政首长责任制，严格执行调度指令，加强辖区支流的统一调度，保证省界断面和关键断面的流量指标。

水库管理单位，严格执行黄河防总或黄河水利委员会的调度指令，保证泄流精度。

各类事件不同等级的响应措施详见附件1。

当两类以上突发事件同时发生时，采取相应高一级的响应措施，不同性质的事件同时发生时，分别采取相应的措施。

六、附则

1.本预案自2008年7月1日起施行。

2.本预案由黄河防汛抗旱总指挥部办公室负责解释。

附件1　黄河流域抗旱预案响应措施(略)

附件2　黄河流域及供水区区域干旱等级划分标准(试行)(见附录四)

附件3　黄河干流和重要支流预警流量(略)

附录四

黄河流域及供水区区域干旱等级划分标准（试行）

轻度干旱：受旱区域作物受旱面积占播种面积的比例在20%以下；以及因旱造成农(牧)区临时性饮水困难人口占所在地区人口比例在10%以下。

中度干旱：受旱区域作物受旱面积占播种面积的比例达21%~40%；以及因旱造成农(牧)区临时性饮水困难人口占所在地区人口比例达11%~20%。

严重干旱：受旱区域作物受旱面积占播种面积的比例达41%~70%；以及因旱造成农(牧)区临时性饮水困难人口占所在地区人口比例达21%~40%。

特大干旱：受旱区域作物受旱面积占播种面积的比例在70%以上；以及因旱造成农(牧)区临时性饮水困难人口占所在地区人口比例高于41%。

城市干旱：因遇枯水年造成城市供水水源不足，或者由于突发性事件使城市供水水源遭到破坏，导致城市实际供水能力低于正常需求，致使城市的生产、生活和生态环境受到影响。

城市轻度干旱：因旱城市供水量低于正常需求量的5%~10%，出现缺水现象，居民生活、生产用水受到一定程度影响。

城市中度干旱：因旱城市供水量低于正常日用水量的10%~20%，出现明显的缺水现象，居民生活、生产用水受到较大影响。

城市重度干旱：因旱城市供水量低于正常日用水量的20%~

30%，出现明显缺水现象，城市生活、生产用水受到严重影响。

城市极度干旱：因旱城市供水量低于正常日用水量的30%，出现极为严重的缺水局面或发电供水危机，城市生活、生产用水受到极大影响。

大型城市：指非农业人口在50万以上的城市。

附录五

黄河流域历史大旱简表

时间	地点	旱情
1628～1641年(明崇祯元年至十四年)	内蒙古、甘肃、宁夏、山西、陕西、河北、山东、河南、安徽、江苏、浙江、湖北、湖南、北京、天津、上海等16个省(市、区)	大范围长时间少雨，造成赤地千里，井泉涸竭，江河断流，禾苗干枯，颗粒无收，随之而来的是斗粟千钱，草根树皮食尽，出现严重饥荒，百姓流离失所，饿殍遍野，以致骨肉相食。此外，许多地区相继出现蝗灾和瘟疫，更加重了灾情的发展，致使人、畜死亡不计其数
1784～1786年,(清乾隆四十九年至五十一年)	山东、河南、湖北、安徽、江苏、上海及河北、山西、陕西、湖南、广东等11个省(市)	大范围地区连续二季或三季不下雨，田地龟裂，麦稻尽枯，而后许多地区又出现蝗灾，造成遍地无收，粮价飞涨，贫民只能以草根、树皮等充饥，灾情极其严重，几乎每个重灾区都有大批灾民死亡，大部分地区出现大饥荒
1876～1878年(清光绪二年至四年)	内蒙古、北京、天津、河北、河南、山东、山西、宁夏、甘肃、陕西、湖北、安徽、江苏等13个省(市、区)	降水量奇缺，许多地区终年无雨，甚至几年无雨，造成河流干涸，田地龟裂，连续多年颗粒无收，出现大范围严重饥荒，造成成千上万人被饿死

时间	地点	旱情
1928～1929年	内蒙古、山西、陕西、宁夏、甘肃、河南、湖北、湖南、安徽、江苏、浙江等11个省(区)	连续两年少雨大旱，造成江河断流，塘湖干涸，井泉涸竭，田地龟裂，老百姓大饥，饿死、逃荒，凄凉万分。据不完全统计，这次旱灾累计饿死300万人，灾民1.2亿，灾民占当时中国总人口的30%
1959～1961年	河南、湖北、陕西、湖南、河北、山东、安徽、江西、山西、江苏、云南等11个省	1959年夏秋季节，渭河、黄河中下游以南至南岭、武夷山以北之间大部地区少雨、高温，干旱严重。1960年华北和西南等地春夏连旱。1961年上半年北方大部少雨干旱，江淮地区伏旱严重。3年全国受旱农田16.4亿亩，成灾6.9亿亩；3年全国共减产粮食611.5亿公斤
1972年	山西、北京、天津、河北、陕西、宁夏、内蒙古、辽宁、湖南、湖北、四川、广西等12个省(市、区)	北方旱区长期少雨干旱，江河水位下降，塘库蓄水减少甚至干涸，对农业影响极大，共减产粮食103.5亿公斤，北京、天津等城市供需水矛盾加剧。南方干旱给水稻、棉花等生长造成严重影响

时间	地点	旱情
1978年	安徽、江苏、浙江、湖南、湖北、河南、江西、山东、上海、辽宁、河北、山西、陕西、四川等14个省(市)	受旱地区年降水量一般只有500～1200毫米，偏少二至四成。其中江淮之间大部分年降水量只有450～700毫米，偏少三至五成。从3月初开始受旱面积就基本保持在1亿亩以上，其中最大受旱面积达4亿亩，不少地区江河断流，水库、塘坝干涸，地下水位下降，人畜饮水发生困难，有的庄稼旱死
1988年	山东、河南、湖北、安徽、湖南、江苏及河北、山西、陕西、浙江、内蒙古、辽宁、四川、贵州等14个省(区)	冬季冬麦产区雨雪稀少，春季山东、河北、湖南、湖北、云南出现旱情。夏季黄淮、长江中下游一带伏旱发展快，范围广，旱情严重。秋季北方冬麦区又出现不同程度干旱。全国受旱农田4.9亿亩，成灾2.3亿亩(仅山东、河南、湖北、湖南、安徽、江苏6省全年受旱面积就达2.7亿亩，减产粮食50亿公斤以上)。全国有数千万人、1千多万头牲畜饮水发生困难

时间	地点	旱情
1997年	河北、山西、河南、山东、陕西、甘肃、宁夏、吉林等8个省(区)	长江以北地区降水显著偏少，春夏秋三季均出现旱象，特别是夏季持续高温少雨，发生新中国成立以来罕见的严重夏旱。北方地区6～8月区域平均降水量仅201毫米，为1951年以来最少值。黄河断流累计长达222天，为历史上断流时间最长、情况最严重的一年。当年全国受旱农作物5亿亩，成灾3亿亩，绝收5900万亩
1999年	山西、河北、陕西、内蒙古、辽宁、山东、河南、北京、天津、甘肃、黑龙江等11个省(市、区)	北方冬春连旱之后，夏秋又出现大范围严重干旱。北京、河北大部、河南南部、山西西北部、安徽淮北及陕西、山东、辽宁、吉林、黑龙江等省的局部地区降水量偏少五至七成。南方的湘、桂、粤、鄂等省区也遭受不同程度的冬、春、秋干旱。全国累计受旱面积4.52亿亩，成灾2.49亿亩
2000年	河北、山西、内蒙古、北京、天津、山东、陕西、甘肃、宁夏、辽宁、吉林、黑龙江、湖北、安徽等14个省(市、区)	全年全国大部地区降水偏少，气温偏高，发生大范围干旱。其中华北、西北东部干旱主要出现在2～7月，冀中北、晋西北、陕北及内蒙古的部分地区6个月降水量偏少五至六成，黄淮、江淮、江汉一带干旱主要发生在2～5月，河南、山东、淮北、鄂西北等地4个月降水量偏少五至八成；东北地区干旱主要出现在5～7月，辽宁西、吉林西北、黑龙江西南等地3个月降水量偏少五至七成。全国年内受旱农作物6亿亩，成灾4亿亩；有3800万城乡人口和2400万头大牲畜一度因旱不同程度地出现饮水困难

附录六

旱　考

——黄河防汛抗旱总指挥部抗旱纪实

（电视专题片解说词）

字幕：旱！旱！旱！

解说：旱魔肆虐、大地龟裂、庄稼焦黄，一场突如其来的旱灾，袭击了大半个中国。

旱情牵动中南海，牵动全国人民的心——

党中央、国务院果断决策，及时部署。黄河防汛抗旱总指挥部紧急应变、迅速行动。

隆冬初春的大河上下，传唱起一方有难、八方支援、众志成城、共克时艰的真情之歌。

推出片名

这是一场罕见的、极端天气引发的严重自然灾害。

同期："活了60多岁，从来没有见过这么旱的天！"

去冬今春，黄河流域大部分地区遭受了自1951年以来的特大干旱，降水量总计不足10毫米，局部地区连续100多天无有效降雨。

黄委水文预报显示，2008年11月以来，黄河流域上游地区降水量较常年偏少四至七成，中游的陕西、山西省偏少七成左右，陕西省局部地区偏少九成，黄河下游地区偏少五至八成。

素有"中国粮仓"之称的河南中原大地，全省小麦受旱面积达5000多万亩，占麦播面积近七成，65万亩麦田出现不同程度枯死现象。

从秋冬连旱到冬春连旱，旱情还在以惊人的速度蔓延。甘肃、陕西、山西、河南、山东5省小麦受旱面积一度攀升至1.4亿亩。

坑塘干涸、农田叫渴，麦苗告急……长时间极度干渴，给群众生产生活带来严重影响。

步步进逼的旱情让黄河防汛抗旱总指挥部经历了自成立以来最为严峻的挑战。

灾情如火，刻不容缓。一场抗击旱魔的大行动争分夺秒地紧张展开。

“决不让沿黄灌区一亩冬小麦因灌不上黄河水而受灾。”肩负社会责任的黄河防总郑重承诺。

1月6日，为应对河南严重旱情，黄河防总发布区域干旱蓝色预警，启动Ⅳ级响应。这是《黄河流域抗旱预案(试行)》颁布以来，首次启动区域干旱预警。

然而，考验才刚刚开始。继河南大旱后，甘肃、山西、陕西、山东相继发生严重或中度干旱。

旱魔疯狂肆虐，响应频频升级。

警报+字幕+敲击：

1月11日，黄河防总发布黄色干旱预警，启动Ⅲ级响应

2月3日，黄河防总发布橙色干旱预警，启动Ⅱ级响应

2月6日，黄河防总发布红色干旱预警，启动Ⅰ级响应

红色预警是最严重级别的预警。预警级别的提高意味着黄河流域旱情正在急剧加重。

河南郑州，黄河防总抗旱救灾的“指挥中枢”。

2007年6月4日，新的黄河防汛抗旱总指挥部成立。组织、指

导、协调、监督黄河流域的防汛抗旱工作被明确写进黄河防总的工作职责。

字幕：2009年2月1日18时

春节长假后的第二天，当人们还沉浸在节日的欢乐中，一场应对流域干旱的紧急会商会正在黄委防洪厅进行。一份份旱情报告向这里汇总，电子幕墙上不断变换着各种气象图形和数据、旱情分布、水库蓄水、涵闸引水……

抗旱的根本是水。然而，受旱情影响，截至2月初，黄河龙羊峡、刘家峡、万家寨、三门峡、小浪底五大水库总调节水量仅为145亿立方米，较2008年同期少36亿立方米；小浪底水库可调节水量仅有17亿立方米，较2008年同期减少一半，为2004年以来同期最小。但这丝毫阻挡不了黄河防总支援流域抗旱的信心。

紧急部署，紧急通知，紧急行动，一项项措施迅速出台，一道道紧急指令发出。

字幕：1月6日，小浪底水库下泄流量由290立方米每秒增大至350立方米每秒

你可不要小瞧了这小幅度的流量增加。黄河素有“伏汛好抢，凌汛难防”之谓，这是说黄河凌汛有其特殊的复杂性。每年凌汛期，按照防凌预案，水库必须严格控泄。

在沿黄灌区嗷嗷待哺的同时，黄河济南以下河段仍未开河。加大水库泄流必须考虑下游的引水能力，否则，一旦下泄流量加大后沿黄灌区引水能力不足，进入封河河段，必将抬高冰下水位，可能导致凌灾。

为确保封河段流量平稳，黄河防总通过准确预报河道径流、滚动批复供水订单，严格监控水库泄流和沿途引水。

字幕+口播：

1月11日，小浪底水库下泄流量增大至500立方米每秒

2月3日，小浪底水库下泄流量增加至600立方米每秒

2月6日，小浪底水库下泄流量增加至700立方米每秒

黄河防总还施行黄河流域抗旱信息零报告制度。所谓零报告，即要求无论数据变与不变，都必须坚持每天报告，以便掌握信息，更好地调配黄河水资源。

凭借先进的技术手段和敏锐的“嗅觉”，凌情发展、涵闸引水量、灌区累计浇灌面积、累计抗旱水量、未来5日引水计划尽在黄河防总的掌控之中。

在启动抗旱预警至黄河下游开河期间，利津断面平均流量为183立方米每秒，满足防凌控制利津断面在150～200立方米每秒之间的要求。预警以来，抗旱引水订单执行精度平均为4.2%，小浪底水库泄流误差平均为2.8%。

特殊时期，特殊力量。黄河水文、水调、防办、河务等治黄职工，用超常的勇气、毅力和奉献，诠释着“责任”这沉甸甸的字眼。

字幕：截至2月13日，河南、山东两省已经累计引黄河水8.81亿立方米，灌溉面积达1023万亩

这是黄河下游引黄抗旱面积首次突破千万亩大关，黄河防总驰援抗旱保麦效果初现。

央视晚间新闻同期：为支持山东抗旱，自8日22时起，黄河防总下令开启东平湖泄洪闸，利用东平湖水库往黄河泄流20立方米每秒

东平湖是黄河下游重要的蓄滞洪区，被誉为下游防洪的一张“王牌”。面对大旱的考量，东平湖义无反顾地加入黄河下游水资

源应急联调。

俗话说：“立春雨水到，早起晚睡觉”。立春过后的20天，是小麦生长的关键时期，70%的小麦产量形成于这一段。这意味着黄河流域抗旱迎来保证夏粮丰收的真正“决战期”。

字幕： 2月8日，2009年立春第四天

这一天，黄河防总接连下发指令：

2月8日20时起，小浪底水库下泄流量从700立方米每秒增加到900立方米每秒

2月8日22时起，万家寨水库下泄流量加大到450立方米每秒

因山东省抗旱用水不断增加，2月8日8时，利津断面流量降至80立方米每秒以下，且仍呈下降趋势。当日20时，虽上游小浪底水库泄流已增至900立方米每秒，但预计该流量5天左右才能演进至艾山断面，如何在确保山东灌溉引水的同时不致造成利津断流？依据《黄河水量统一调度条例》，黄河防总急令东平湖水库，首次参与黄河应急联合调度。

一场大尺度空间的接力调水支援流域抗旱的“决战”轰然打响。

2月13日，黄河防总再次发出调度指令:

为继续支持晋陕两省抗旱，也为黄河下游后期抗旱筹措水源，同时减轻内蒙古河段开河期的槽蓄压力，即日8时，刘家峡水库控泄水量由350立方米每秒压减到300立方米每秒，万家寨水库控泄水量由450立方米每秒加大到550立方米每秒，小浪底水库900立方米每秒流量过程到达艾山后，13日晚22时关闭东平湖入黄闸。

运筹帷幄之中，决胜千里之外，万里大河就这样实现着准确的梯级补水接力！

字幕：2月13日22时，东平湖水库陈山口、清河门入黄闸门关闭，共向黄河紧急补水933万立方米

字幕：2月16日，小浪底水库第七次加大下泄流量，流量为1000立方米每秒，为历史同期最大

自1月下旬始，黄河防总先后派出9个抗旱工作组分赴沿黄灌区进行抗旱督导。黄河防总常务副总指挥、黄委主任李国英多次深入河南新乡、开封、商丘等地，实地调研沿黄灌区抗旱进展和引黄能力，提出一方面在充分考虑下游防凌安全条件下逐步加大水资源供给；另一方面应对沿黄灌区饮水渠道实施大规模清淤。

在旱情最严重的河南省，工作组通过对32座引黄涵闸实地调研了解到，部分涵闸由于多年不用，引水能力降低，黄河防总及时向河南防汛抗旱指挥部发出明传电报，建议河南防汛抗旱指挥部组织沿黄地区加紧清淤，提高涵闸引水能力。

同期：新乡红旗闸清淤现场，驻豫某高炮师冲锋……

这是新乡大功灌区红旗闸引黄渠道清淤现场。经过驻豫部队连续9个昼夜奋战，3000米长的引水渠道顺利开通，大功总干渠引黄流量达到20立方米每秒。封丘、长垣、滑县、内黄等地的250多万亩麦田浇灌上了黄河水。

在黄河防总的超前谋划下，黄河成了沿黄灌区抗旱浇麦最大的依靠，延续100多天的沿黄灌区严重旱情现出现转机。

在河南引黄灌区，最大引黄流量一度达到300多立方米每秒，创30年同期新高；最大日灌溉面积达到30多万亩，每天引水量2000多万立方米，相当于投资数亿元建造的一座中型水库的蓄水量。

在山东引黄灌区，截至2月底，今年山东省已引黄河水11.98亿立方米，创下自1958年有引黄水量记载以来的同期最高值，惠及沿黄1400多万亩小麦。

字幕： 河南省、山东省防汛抗旱指挥部：

为统筹抗旱应急配水，协调各地引黄用水需求，避免灌溉进度不均衡，请你部加强跨地（市）引黄灌区灌溉配水管理工作，并要求各地（市）防汛抗旱指挥部加强跨县引黄灌区灌溉配水管理，协调各地有序灌溉，推进应急抗旱整体进度

这是黄河防总常务副总指挥李国英2月8日签发的黄防总电[2009]9号明传电报。

灾害从天而降，应对更须及时。在抗旱用水配置中，黄河防总始终着眼流域、着眼长远；始终注意上下游、左右岸的均衡供水，要求各方建立良好的用水秩序，让黄河水最大限度地惠及更多的旱区。在下游抗旱的关键时期，并没有忘记上游，主动了解宁夏、内蒙古两自治区引黄灌区降雨、墒情和今年农作物种植计划。一切部署皆统筹兼顾、有条不紊。

2月24日，河南濮阳县司城乡村民周四安在麦田里忙碌。受延续3个月的严重旱情影响而枯黄的麦苗，一周前饱饮黄河水后，正逐渐返青。同期：“今年虽然遇到大旱，但及时引来了黄河水，稳产问题不大。”

同期： 春雨淅淅声

一场久违的潇潇春雨驱散了数月来笼罩北方大地的焦渴。

字幕： 2月19日、26日、27日，山东、河南、陕西先后解除干旱预警。黄河防总宣布将流域干旱红色预警降为蓝色

3月10日，黄河防总宣布解除黄河流域干旱蓝色预警。

干旱可以撕裂大地，摧不垮黄河人的意志；干旱可以阻断水流，隔不断黄河人的真情。在党中央、国务院、国家防总的坚强领导下，旱魃见证着黄河人的责任和从容，肆虐黄河流域的特大干旱终于被击退。

滚动字幕：

自1月6日发布干旱预警至3月10日，小浪底水库下泄水量35.3亿立方米，净补水7.4亿立方米

同期陕西、山西、河南、山东4省引黄河干流抗旱浇灌水量23.5亿立方米，灌溉面积2460万亩。其中河南累计抗旱用水量7.2亿立方米，完成浇灌面积885万亩；山东抗旱用水量15.4亿立方米，完成浇灌面积1517万亩。小北干流河段累计取水0.86亿立方米，完成浇灌面积58.4万亩。甘肃省累计灌溉48万亩，其中黄河干流浇灌约40万亩。

图书在版编目(CIP)数据

水乳大地：2009黄河防汛抗旱总指挥部抗旱纪实/黄河水利委员会编著．—郑州：黄河水利出版社，2009.6
ISBN 978-7-80734-643-2

Ⅰ．水…　Ⅱ．黄…　Ⅲ．纪实文学－中国－当代　Ⅳ．I25

中国版本图书馆 CIP 数据核字（2009）第 070748 号

出 版 社：黄河水利出版社
地址：河南省郑州市顺河路黄委会综合楼 14 层　邮政编码：450003
发行单位：黄河水利出版社
发行部电话：0371-66026940　传真：0371-66022620
E-mail：hhslcbs@126.com
承印单位：河南新华印刷集团有限公司
开本：890 mm×1 240 mm　1/32
印张：7.5
字数：169 千字　印数：1—1 500
版次：2009 年6 月第 1 版　印次：2009 年 6 月第 1 次印刷

定价：32.00 元